Slitherlink 1

Slitherlink 2

Slitherlink 3

Slitherlink 4

Slitherlink 5

Slitherlink 6

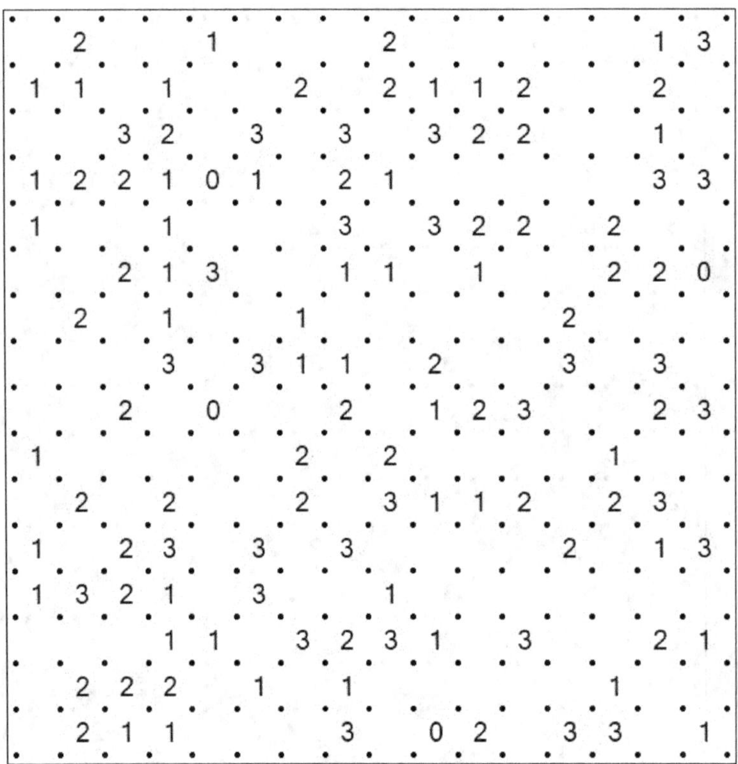

Slitherlink 7

Slitherlink 8

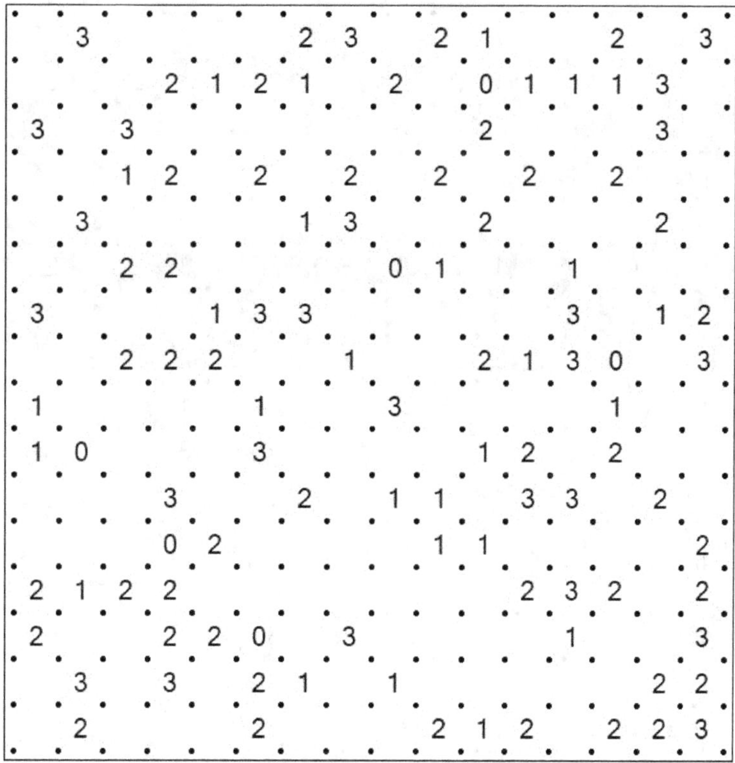

Slitherlink 9

Slitherlink 10

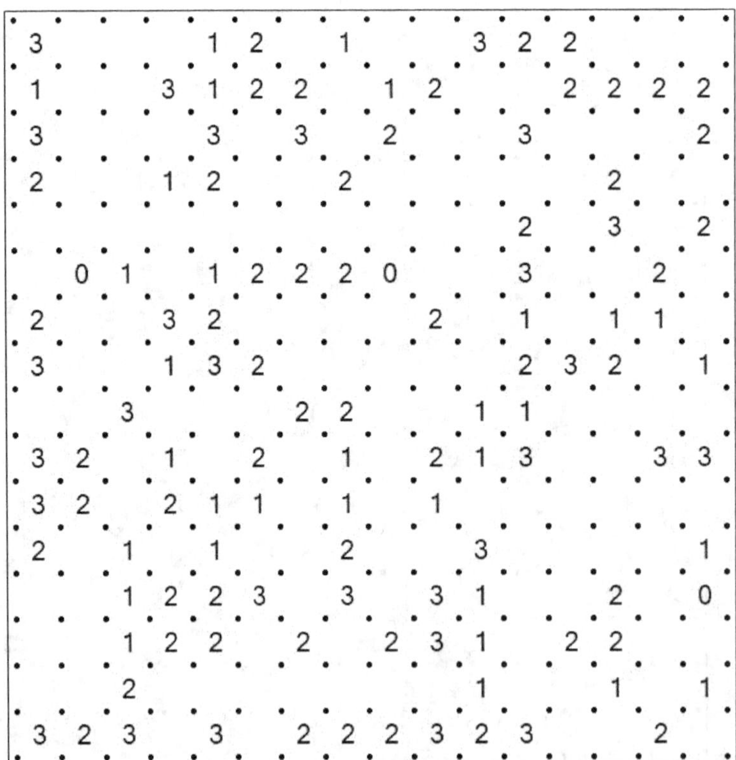

Slitherlink 11

Slitherlink 12

Slitherlink 13

Slitherlink 14

Slitherlink 15

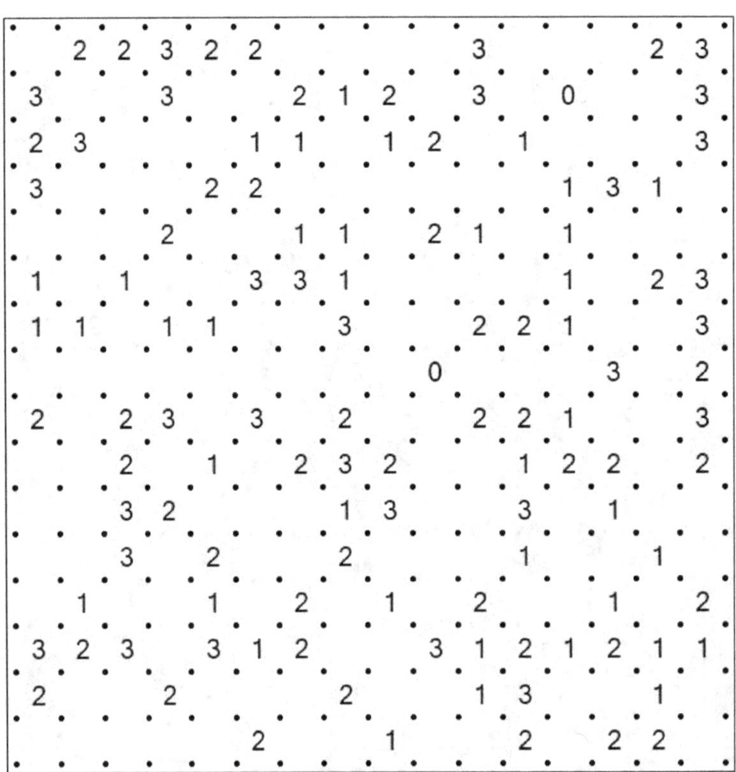

**Slitherlink 16

Slitherlink 17

Slitherlink 18

Slitherlink 19

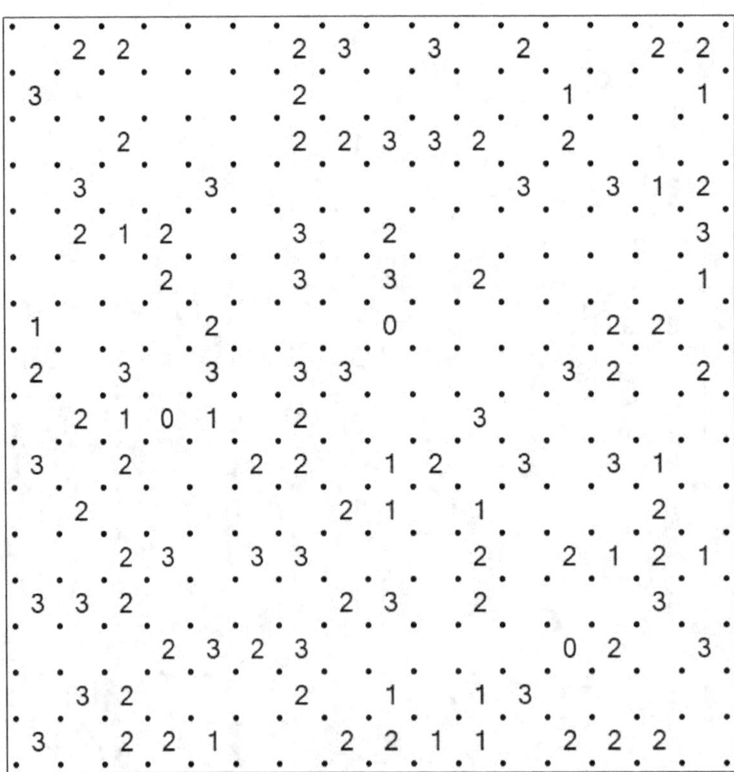

Slitherlink 20

Slitherlink 21

Slitherlink 22

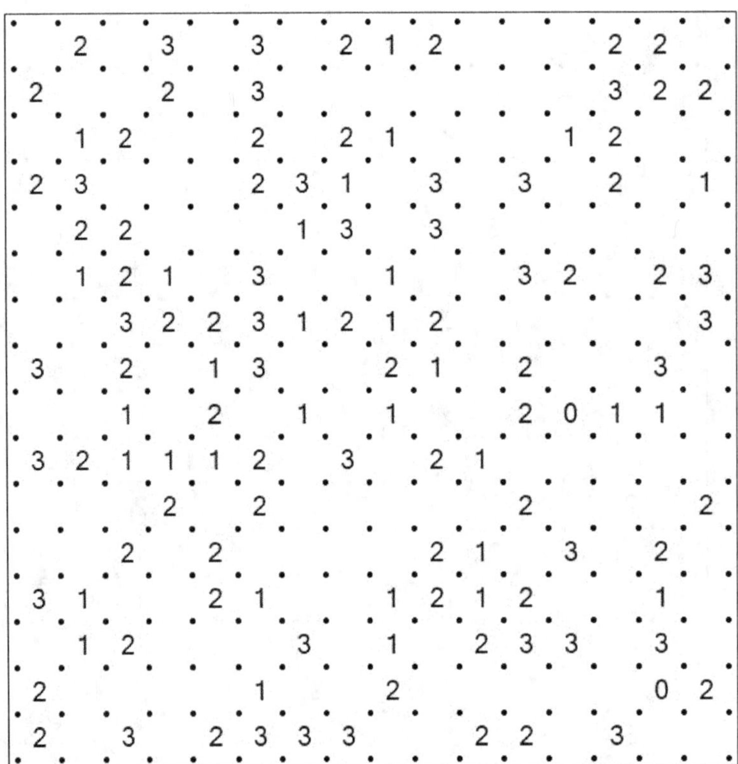

Slitherlink 23

Slitherlink 24

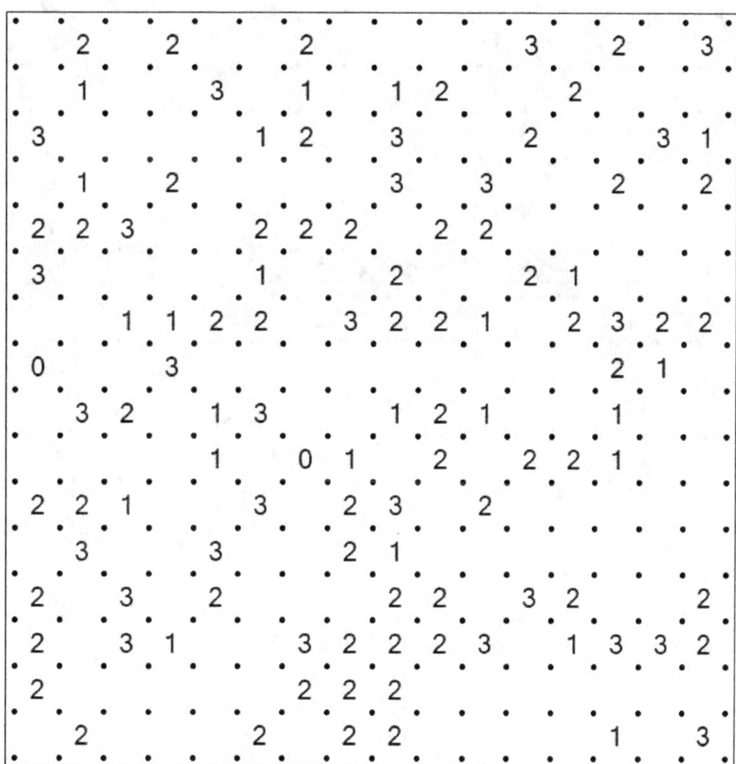

Slitherlink 25

Slitherlink 26

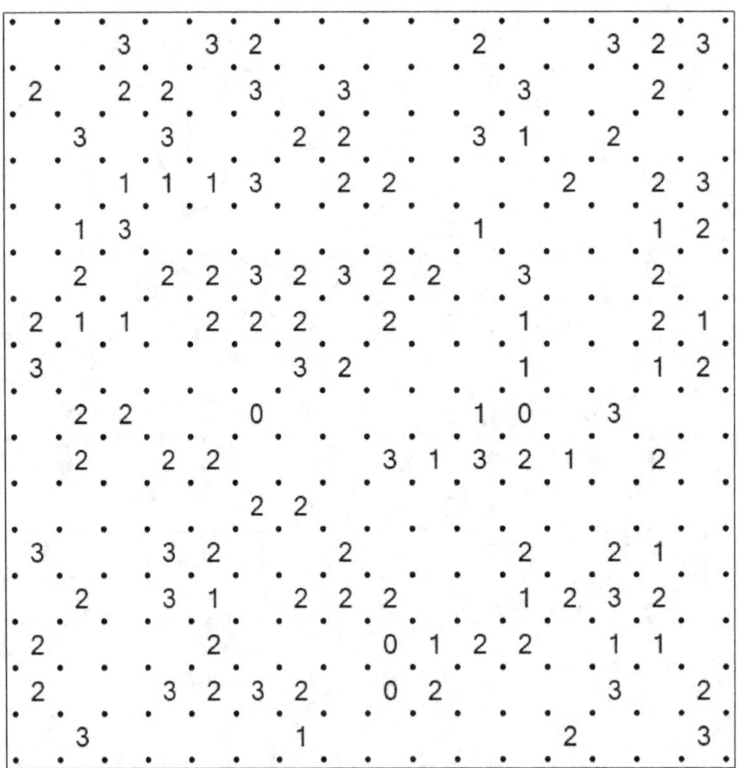

Slitherlink 27

Slitherlink 28

Slitherlink 29

Slitherlink 30

Slitherlink 31

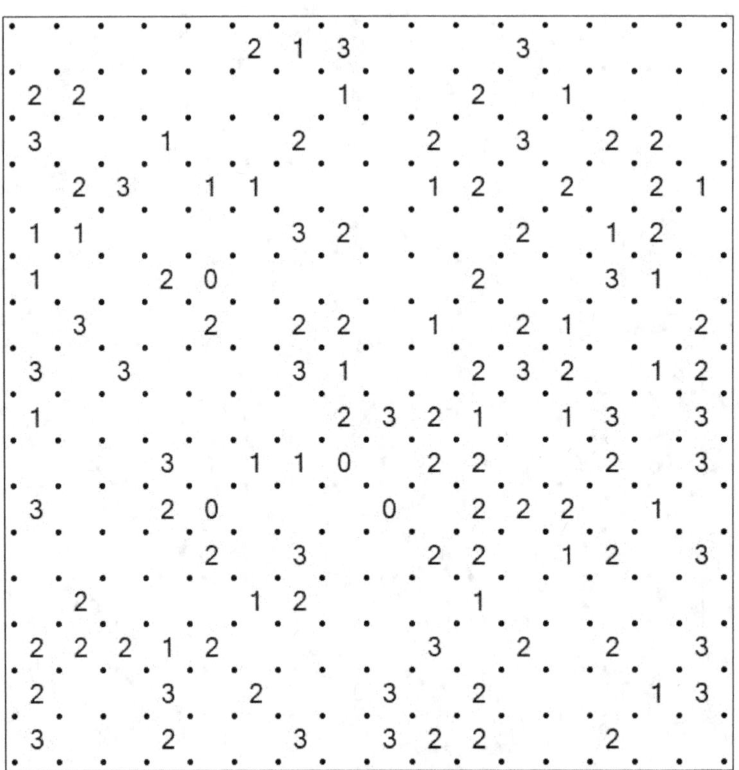

Slitherlink 32

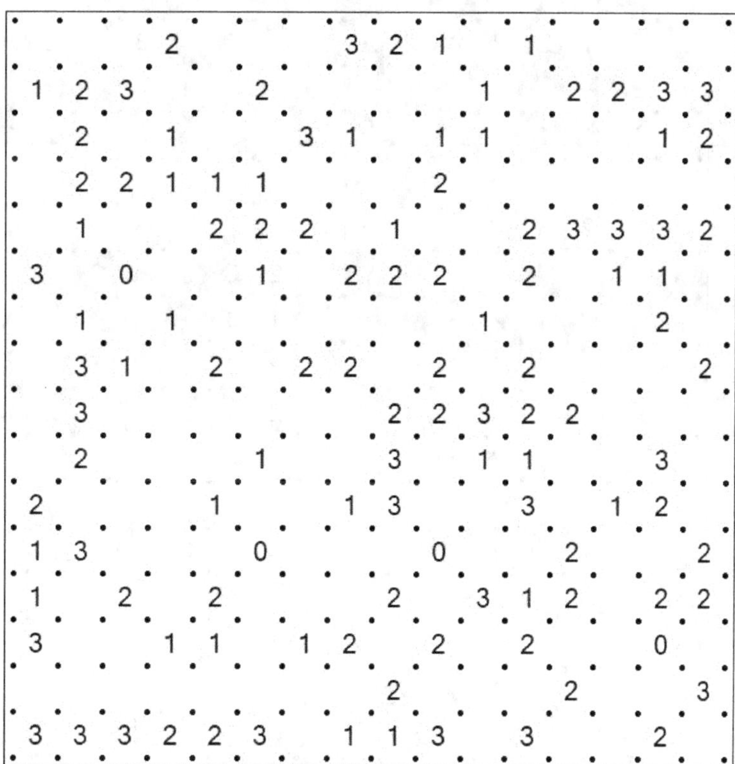

Slitherlink 33

Slitherlink 34

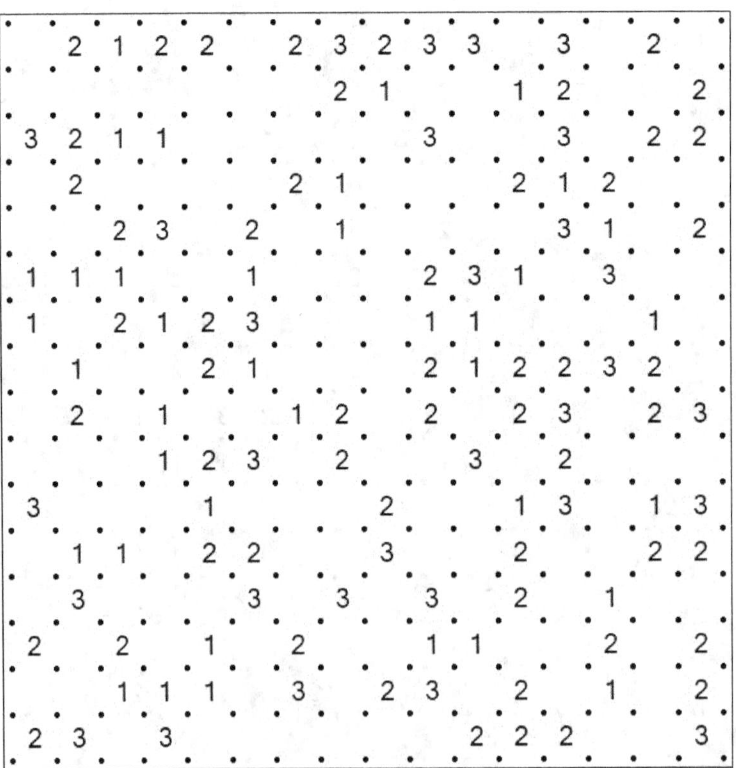

Slitherlink 35

Slitherlink 36

Slitherlink 37

Slitherlink 38

```
    3     2     1 2     2 2       3 2 2
2 2 2       2 3     2 1     2     1     2
1           1 2         2 2     2 2
  2         2       1 1     3 3       1     3
3 2             1 0     0     2
2       2     2 1     2     3                 3
    2 1           2 2 1 1 3       2
2       2     2 1 3         2                 2
2         2 2         3           3 2         3
3 1 2 1 2       1           2 1 0 2 3
  1     2       3 2     1         1
    2 2             0       2             1 1
3               2     3 3     1 1     2
2       3                 2     1     1 3
  1     1 2       3 2             2
  3     1 2       2     3     3     3     3
```

Slitherlink 39

```
    3 3     2 3     1               1 1
2     1     2 1     1 2 1     3
      1     2 2     3         2
  2 2             1     3 2             1
1 1         3 3         0         2
  2 1             2         3     2 2
1 3 2 3     3     2 2 1         3           2
  2       2     2     2 1 2 1     2 2       2
      3 2 2       3     2     1       3
2             1     1     2       3     2 2
3       3 2 2 2     2 1
  2 1     3                 2       1 3 2
2       1 1 1 1     2 0 2 0 1     1
      1       3 2     2     2         2
2                             3 1 1
1     3       3 3     2 3       2     3
```

Slitherlink 40

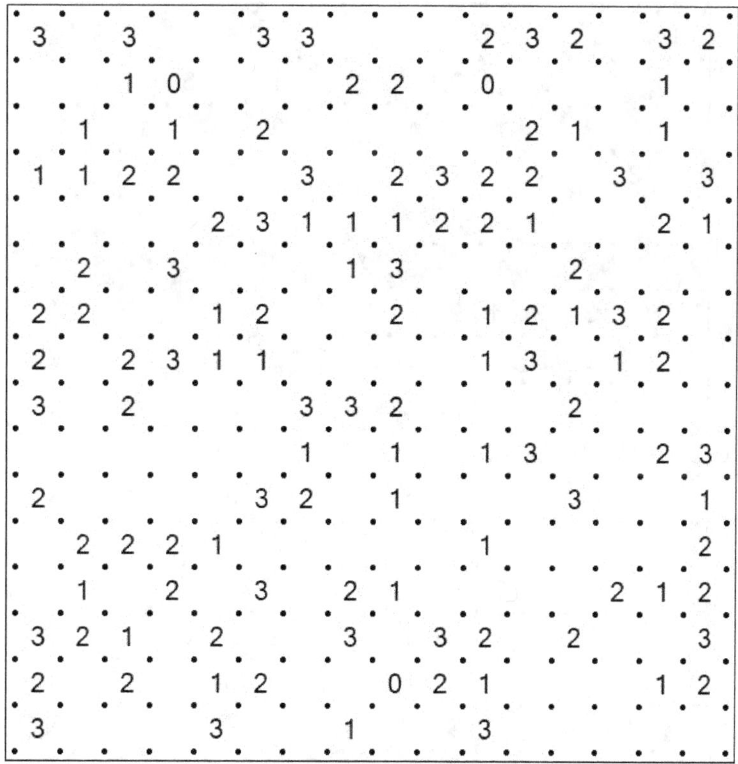

Slitherlink 41

Slitherlink 42

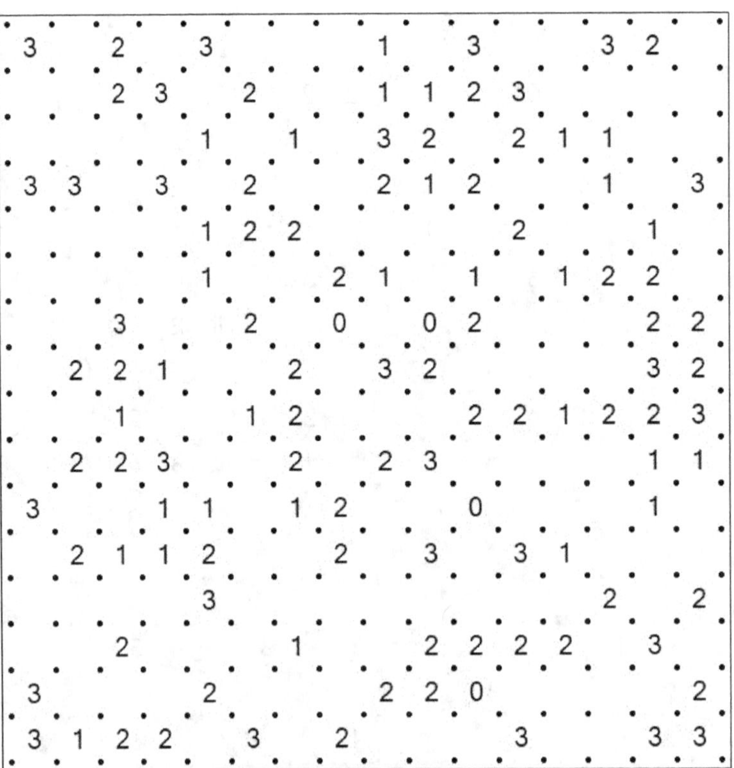

Slitherlink 43

Slitherlink 44

Slitherlink 45

Slitherlink 46

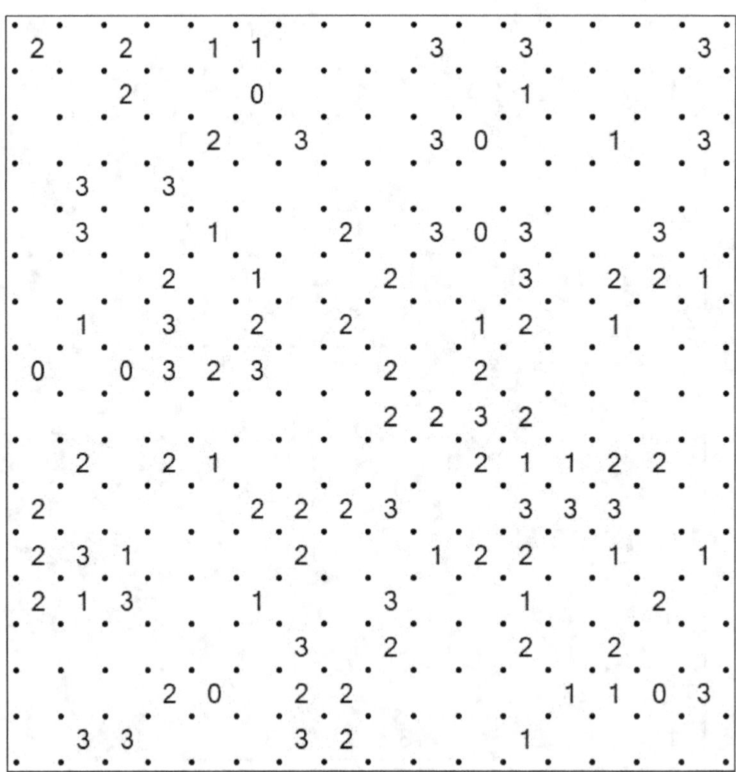

Slitherlink 47

**Slitherlink 48

Slitherlink 49

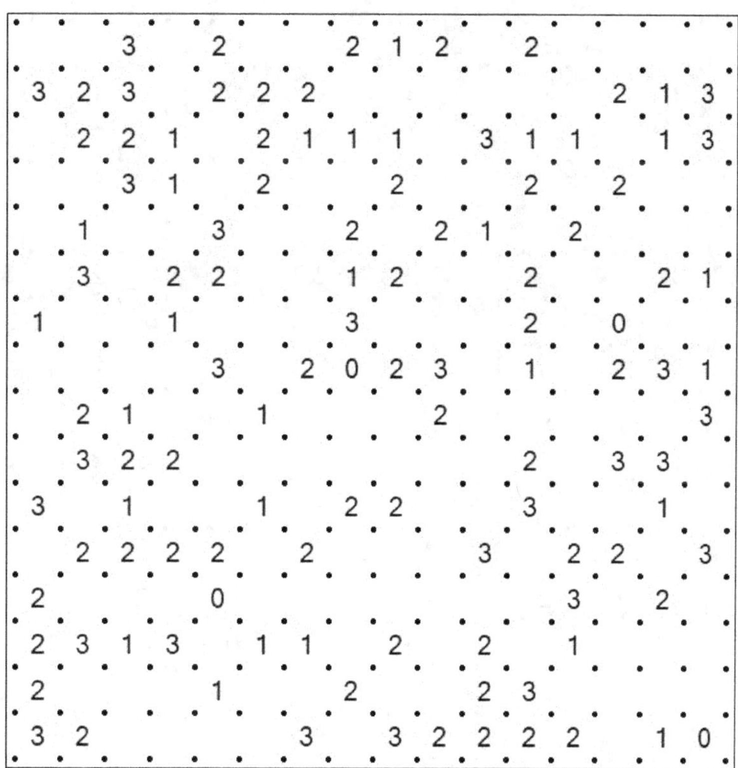

Slitherlink 50

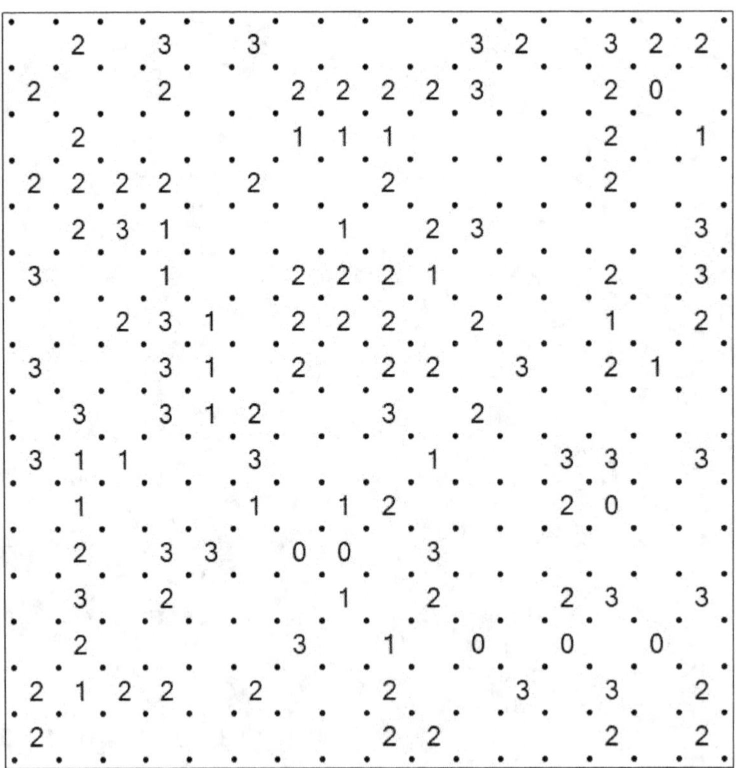

Slitherlink 51

Slitherlink 52

Slitherlink 53

Slitherlink 54

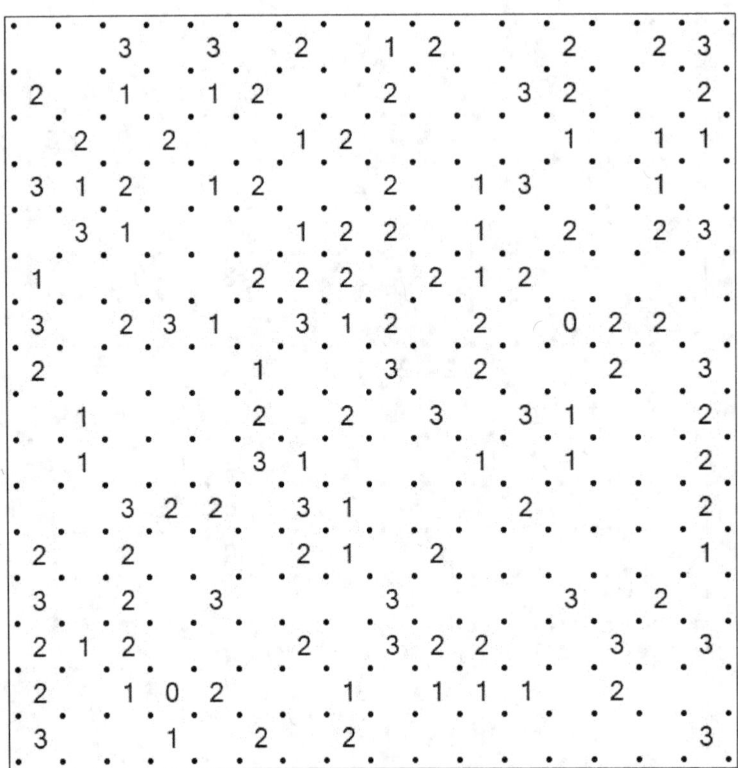

Slitherlink 55

Slitherlink 56

3 2 2   3   2   3
2 2   2 2 1   1   3 2   1
2 2   1 2   3   2   1
3   2 1   0   3 3   1
2 2 2   2   3   2 2 3   3
    2 3   2 1   2   1 3 2
2 1   1 0 1 1 2   2   2
      1   0   0   2 3 3
    1   2   3   2   2 2
    2   2 3 2   2 1 3
      3 1 2 3 2   3   3   2
2 0   2   0 1   2   1
    1   1 2   2 3
    0   1   2
                  3   3 1 2   2
3 1 3   3   2 3   3 3 2 3 2 3

Slitherlink 57

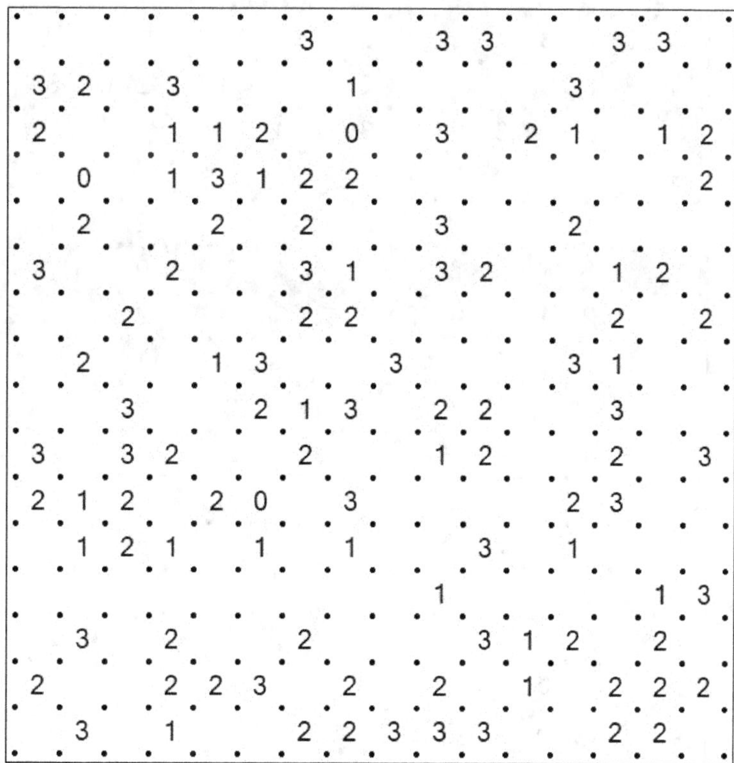

Slitherlink 58

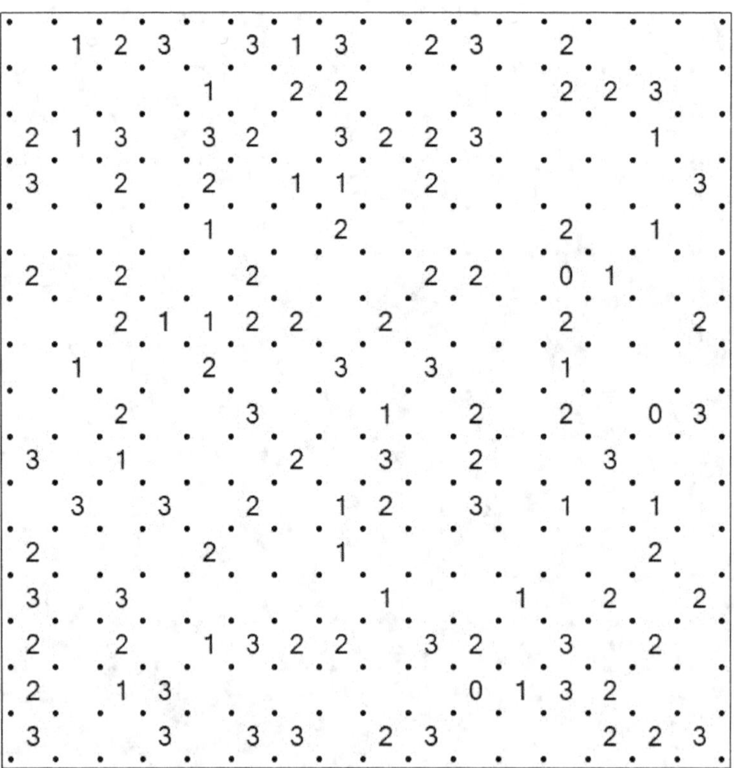

Slitherlink 59

Slitherlink 60

Slitherlink 61

Slitherlink 62

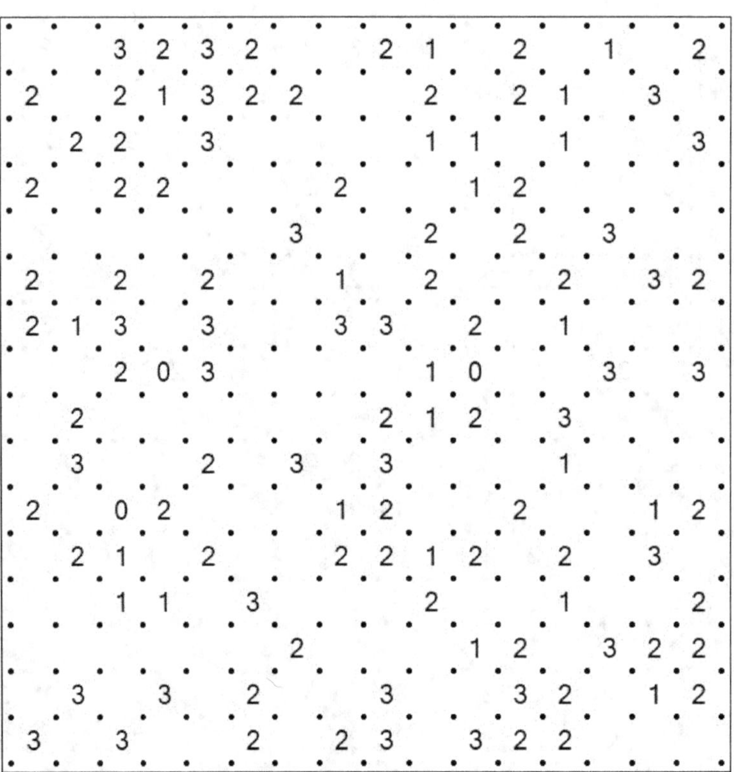

Slitherlink 63

**Slitherlink 64

Slitherlink 65

Slitherlink 66

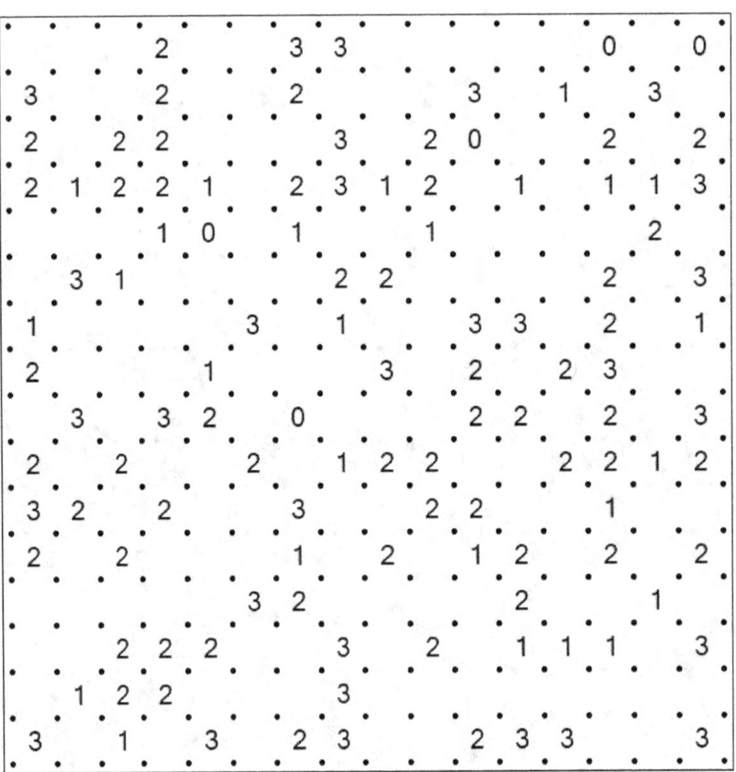

Slitherlink 67

**Slitherlink 68

```
3     2       3     3     2       2   1
          3     1 2       2     1 1 1
1 2 1 2 1     1       2 1       2 1 1
2     3       2 3 1 2       2 1
2 1     2     1       3
              1 3       3       3       3
          2       2       2 3       2       2
3             2               2   1   3
    2     2 1 2     2     0 3 1 1
3         2     2       2               1 1
    3 2 1     3       2     2     1   3
2         1     2 2     2     2 1 3
    2 1 2     2     1 2 1 2       2       2
2       3 3         1     2           2 2
3 0       1 2 3       1 1       1     2
    3           1         3     1 1
```

Slitherlink 69

```
2 3     3     1     3 2     3     3
  2 2 3 1 2       3       3
          1   2         1     1 3
      1 1 2     2 0       2 1 2
    3     2       1 2   1   3 1
3 2 1   1       3     1   1 2 1
    1   1       2             2
3     2         1 2   0   2   3
2   1     2 1       2     1 2
      1         2   1 0 2 1 3       2
    3 3         2 1
    0 2 1 3 1             0 0
3 2       1 2 2     2     3       1
2         2 1 2         2 2
2 3     2 2         2   1     1
3       3       3       3 1
```

Slitherlink 70

Slitherlink 71

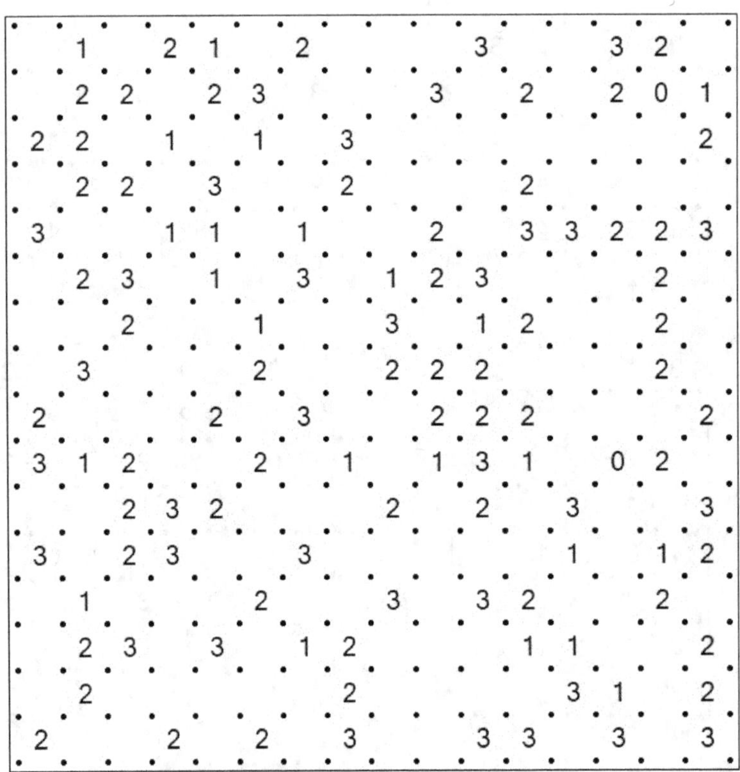

**Slitherlink 72

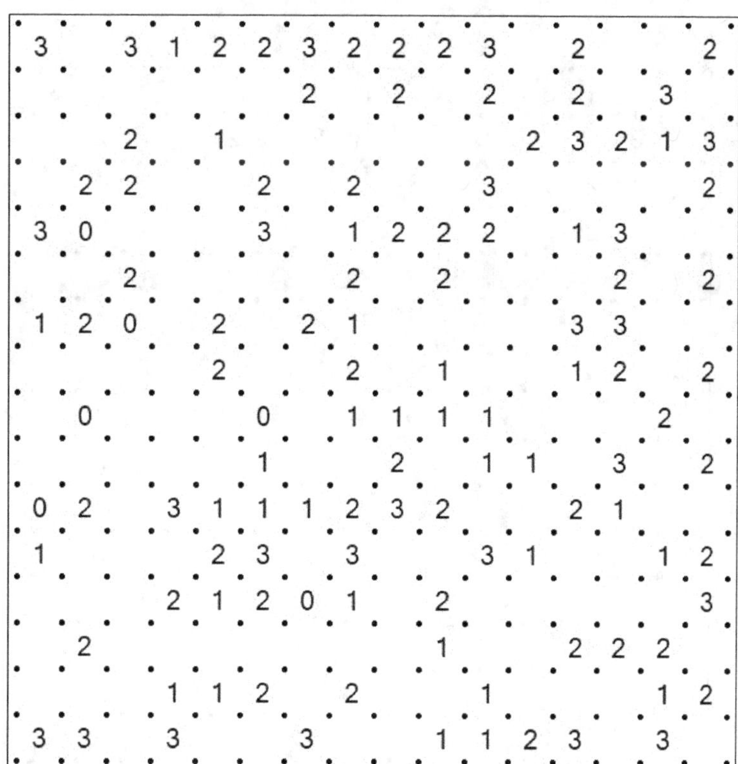

Slitherlink 73

**Slitherlink 74

Slitherlink 75

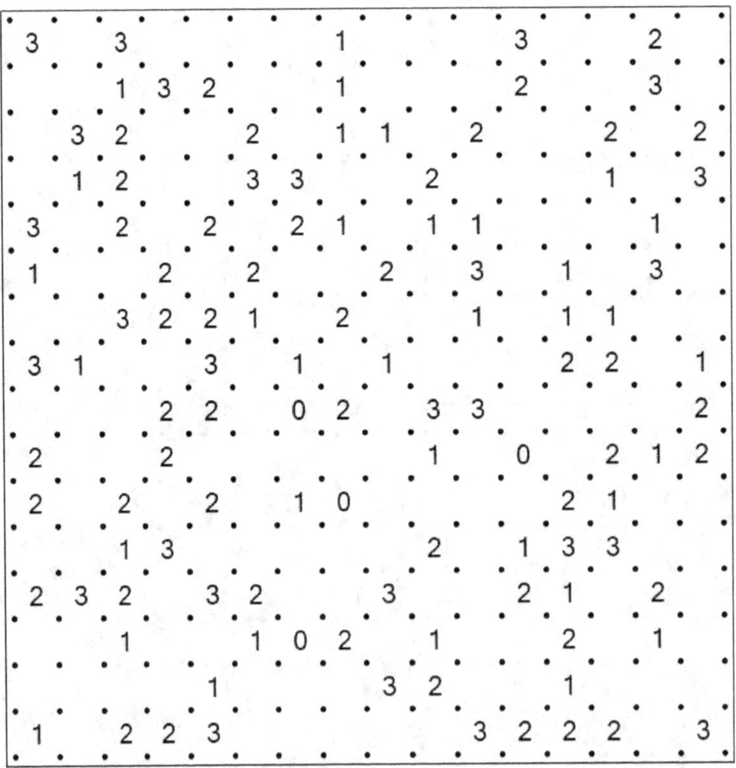

Slitherlink 76

Slitherlink 77

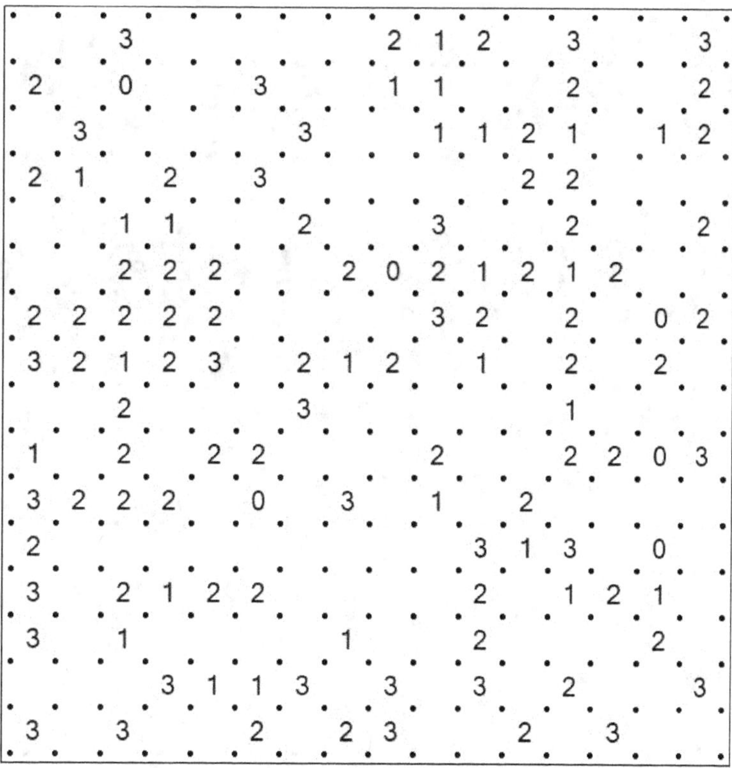

Slitherlink 78

Slitherlink 79

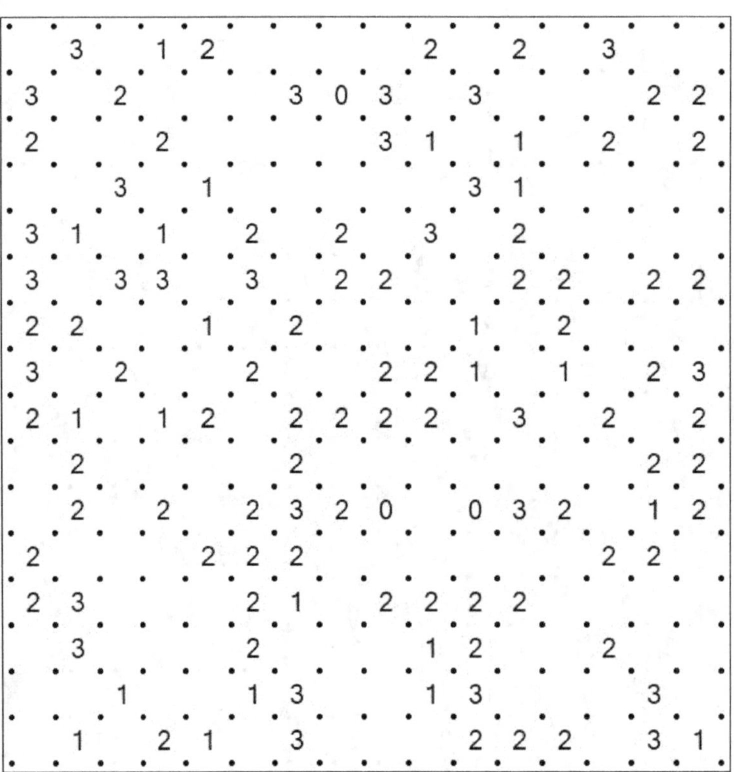

**Slitherlink 80

Slitherlink 81

Slitherlink 82

Slitherlink 83

Slitherlink 84

Slitherlink 85

Slitherlink 86

Slitherlink 87

Slitherlink 88

Slitherlink 89

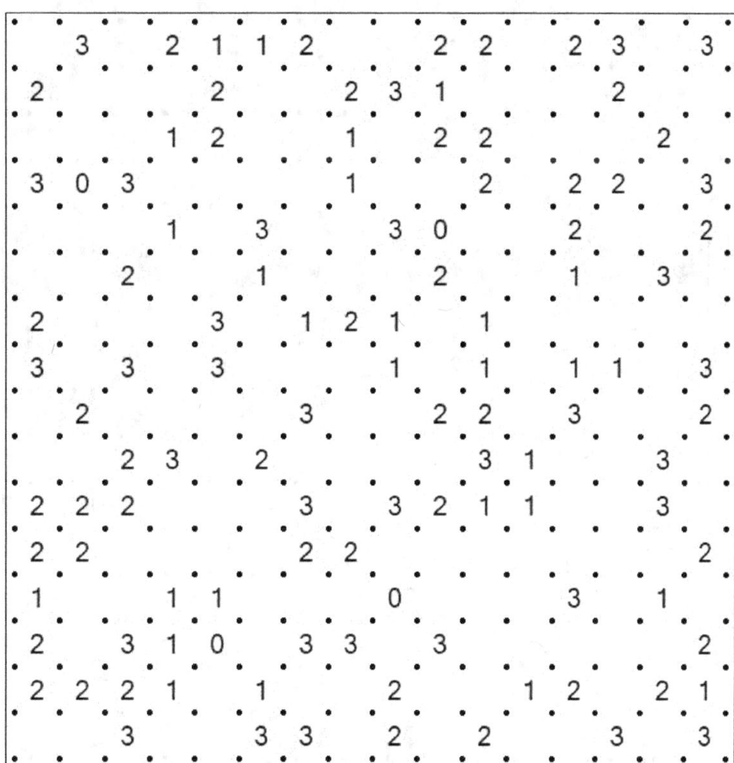

Slitherlink 90

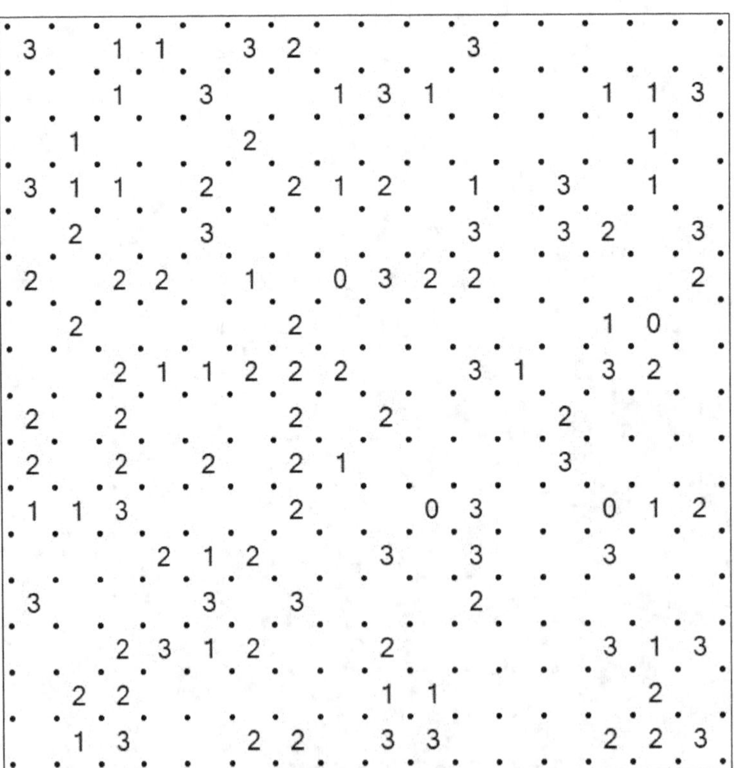

Slitherlink 91

Slitherlink 92

```
3        3           3      2 2        2
  2 0      1 3 1 3              3    2
1        1      2      1 2    2 1      2
  1              2        1 0        2
    2 0 1      1      1        3 3 3 3
3 1    1      3              2              1
    1 1 2 1          1 2          3
2 3      3 2              1      2
              1          1 1        2 2
    3 2        1        2 1
3 2          2 2      1 2 1 0 1      2 3
    2          2              1            3
3        3 2      2 1          3      3 2
2      2 1 0 1        0 2        1      2 3
3 2 3                  2 2      3      2
          3 3      2 1 3      3        2
```

Slitherlink 93

```
2 2      3      3        1      3 2      2
2 1 2          2      2        2 2      1 2
2      3 2    1      1      2 3        2 3
2 2 2      2 1      3              2      1 2
2 2 2          2              2          2
3      3 1 2              2 3        2          2
      3      2 3 2 1 3          2 3      2 2
2 2 2                      3            3 2
              2 2      2              2      3
    2 2 2      2      3 1 2 2 2      2 2
3      1      1 2          1              1
    2 2      3        1 2      3 1          1
      3          1 3        2 1    2 2
    1 1      2 2        1 2 3          2
3      3          1 3          3      2
    1      1      2      3 2        1    2
```

Slitherlink 94

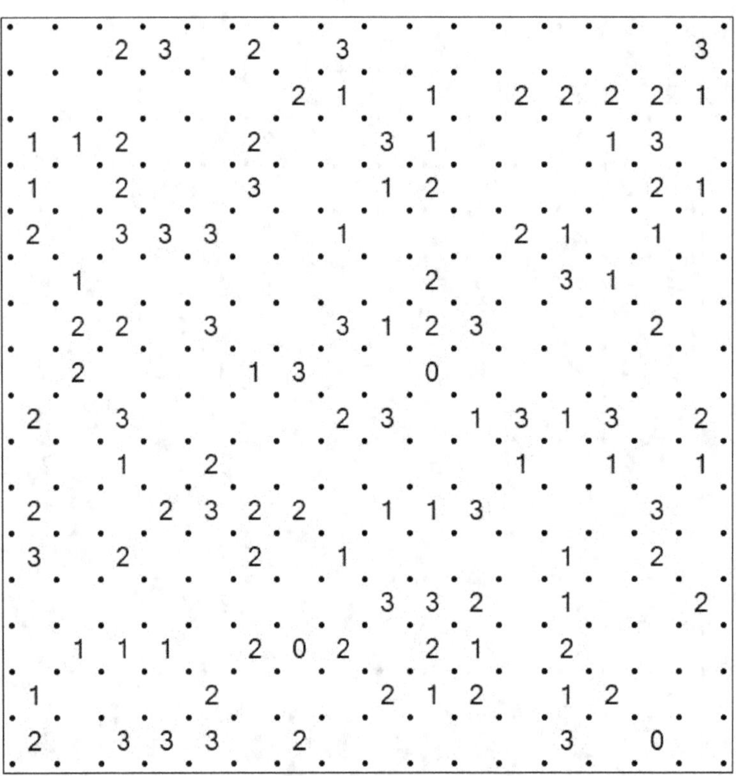

Slitherlink 95

Slitherlink 96

Slitherlink 97

Slitherlink 97

Slitherlink 98

Slitherlink 98

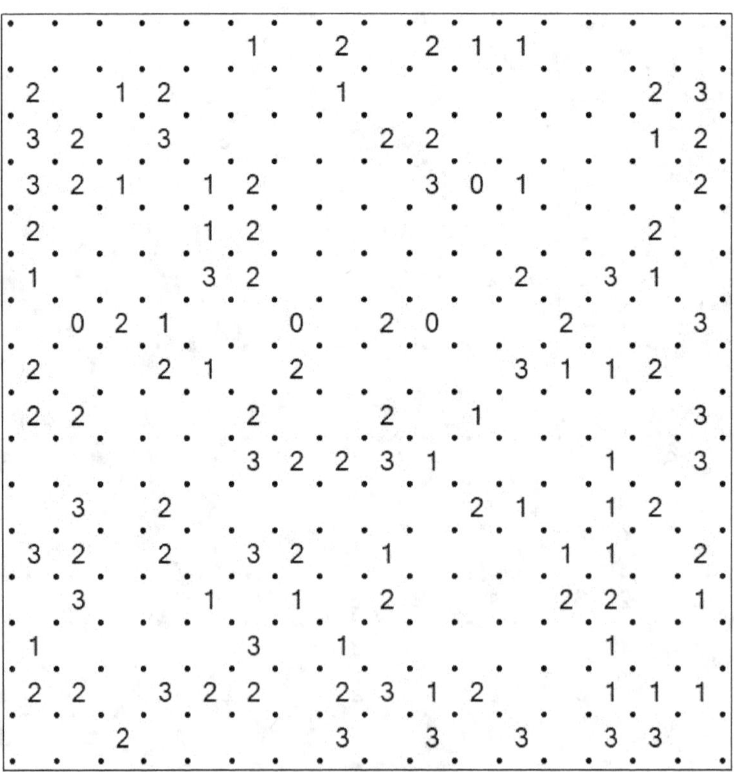

Slitherlink 99

Slitherlink 100

Slitherlink 101

Slitherlink 102

Slitherlink 103

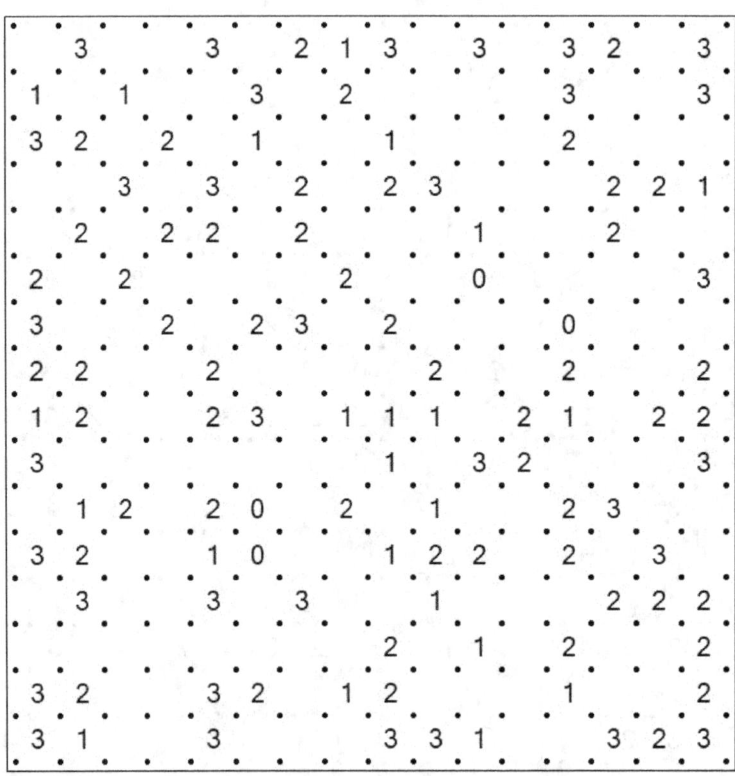

Slitherlink 104

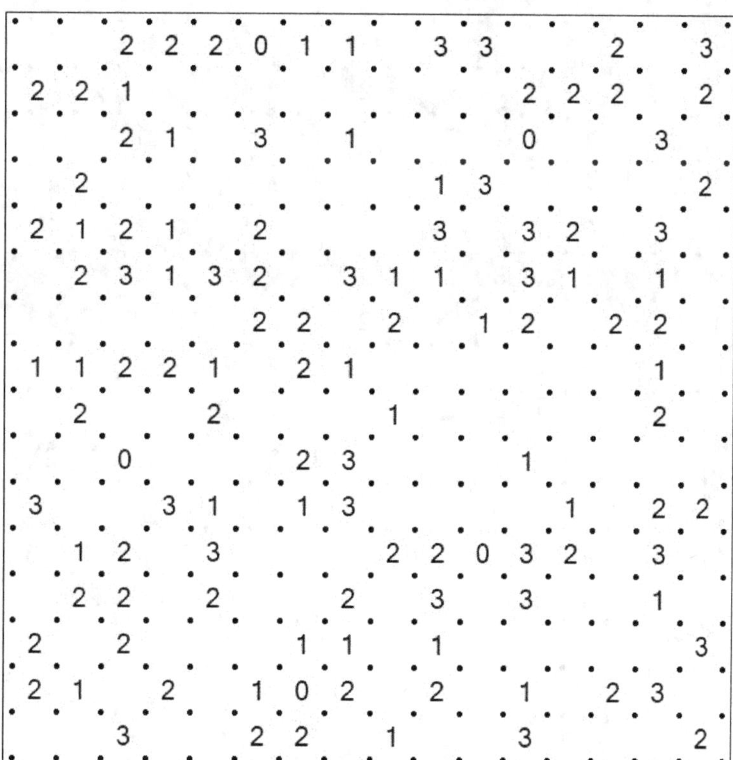

Slitherlink 105

Slitherlink 106

Slitherlink 107

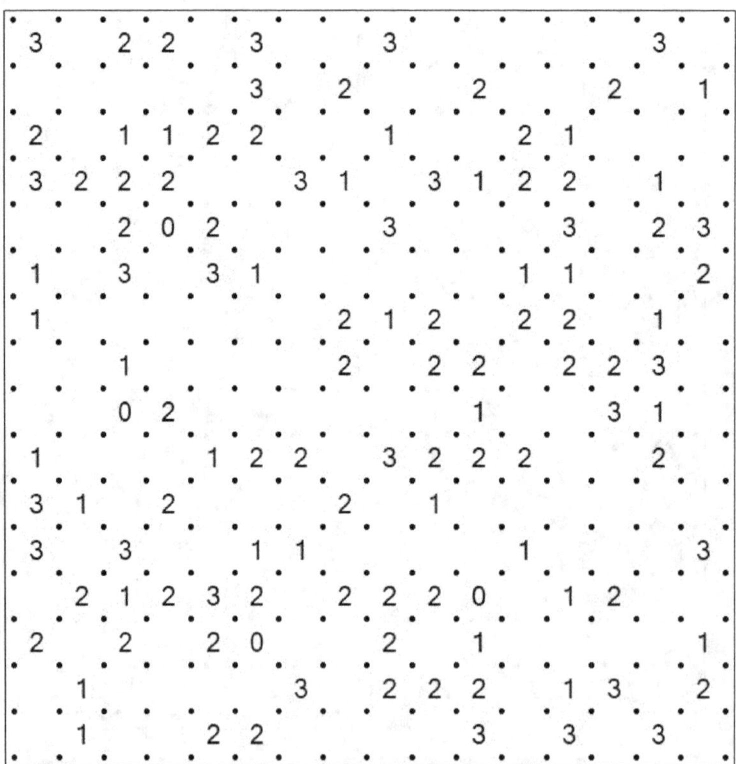

Slitherlink 108

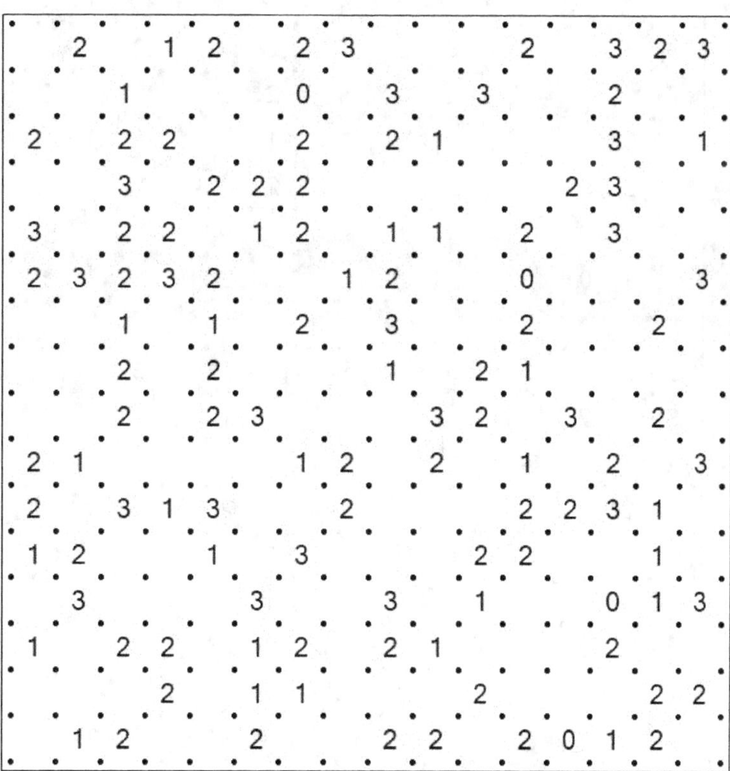

Slitherlink 109

**Slitherlink 110

Slitherlink 111

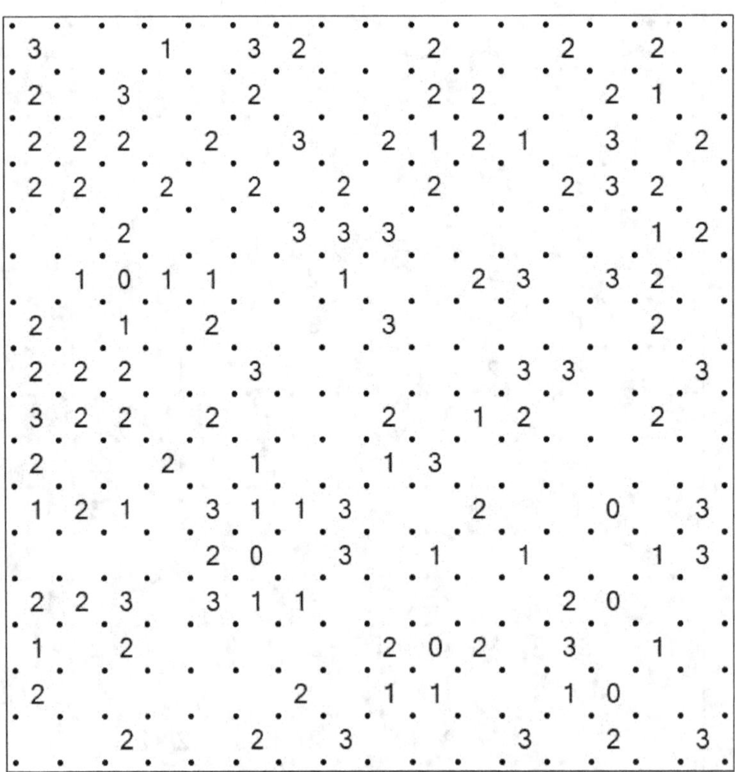

Slitherlink 112

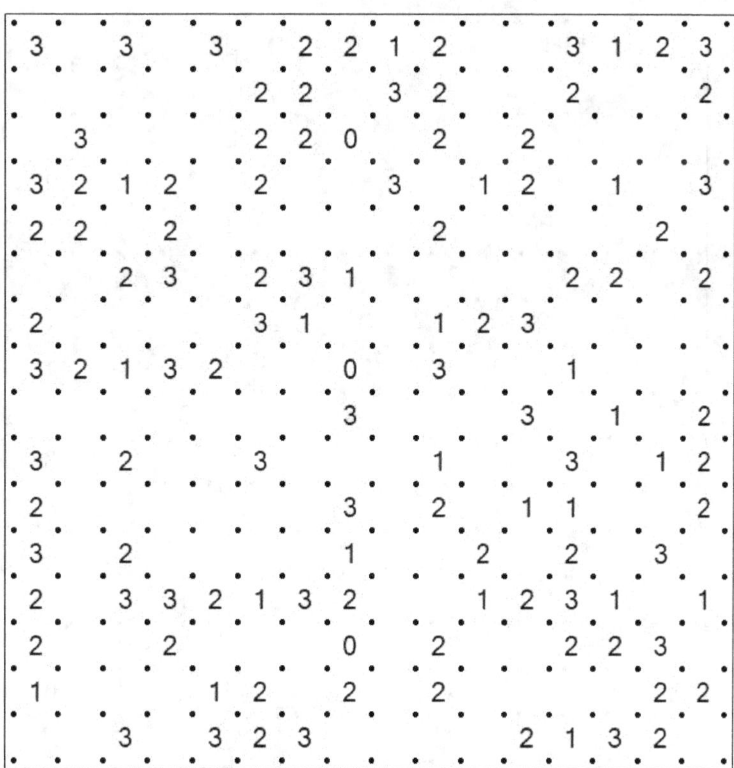

Slitherlink 113

**Slitherlink 114

Slitherlink 115

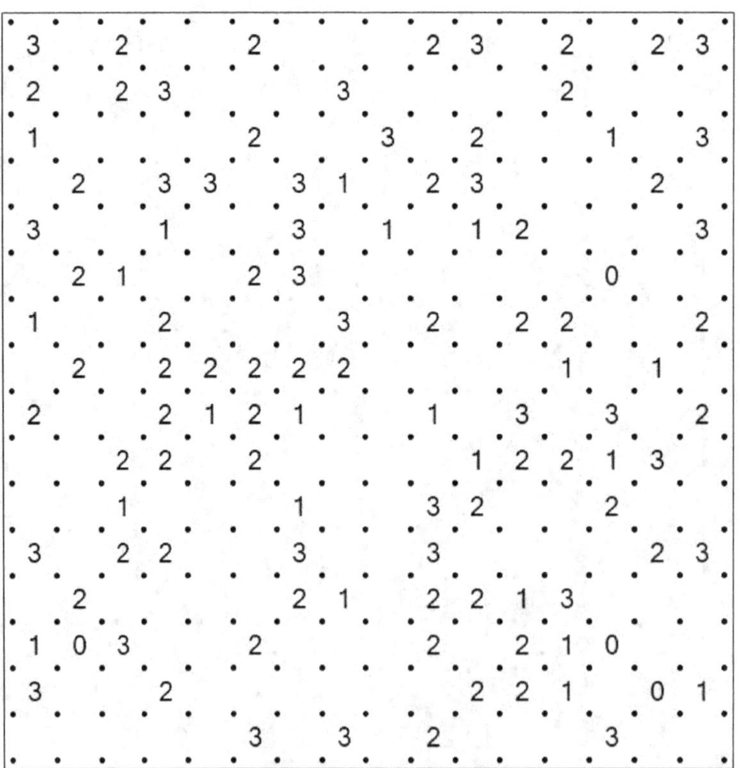

**Slitherlink 116

Slitherlink 117

Slitherlink 118

Slitherlink 119

Slitherlink 120

Slitherlink 121

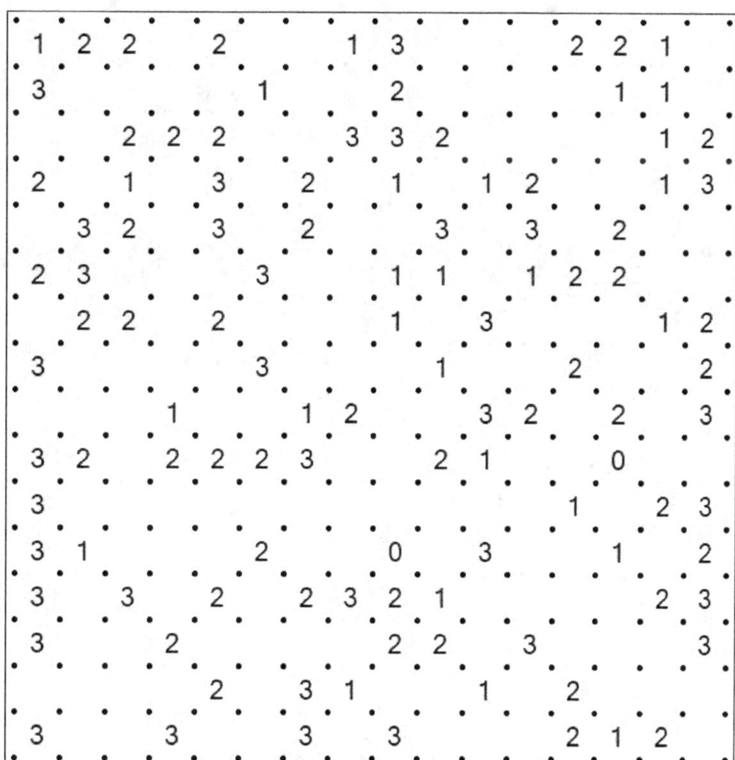

**Slitherlink 122

Slitherlink 123

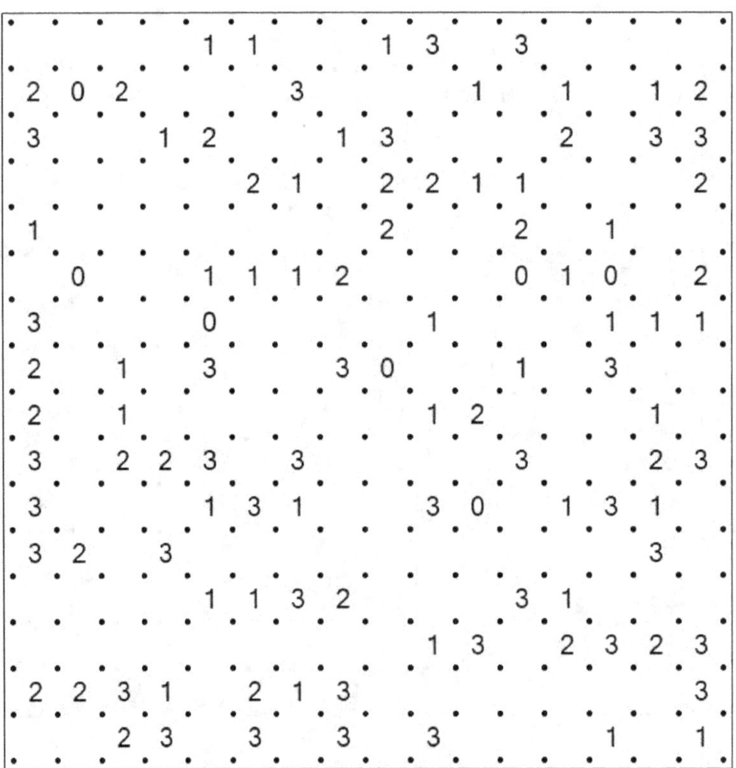

Slitherlink 124

Slitherlink 125

Slitherlink 126

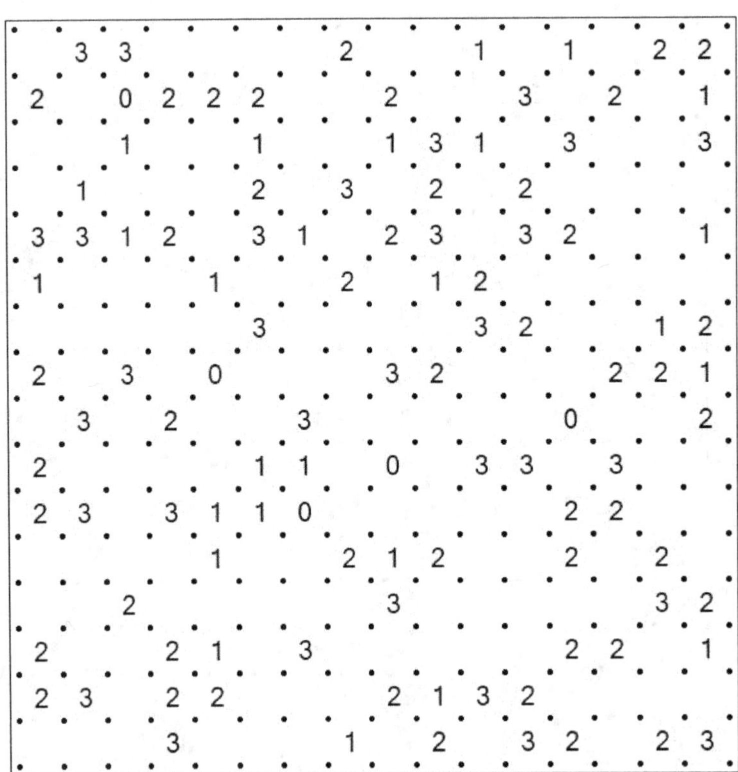

Slitherlink 127

Slitherlink 128

Slitherlink 129

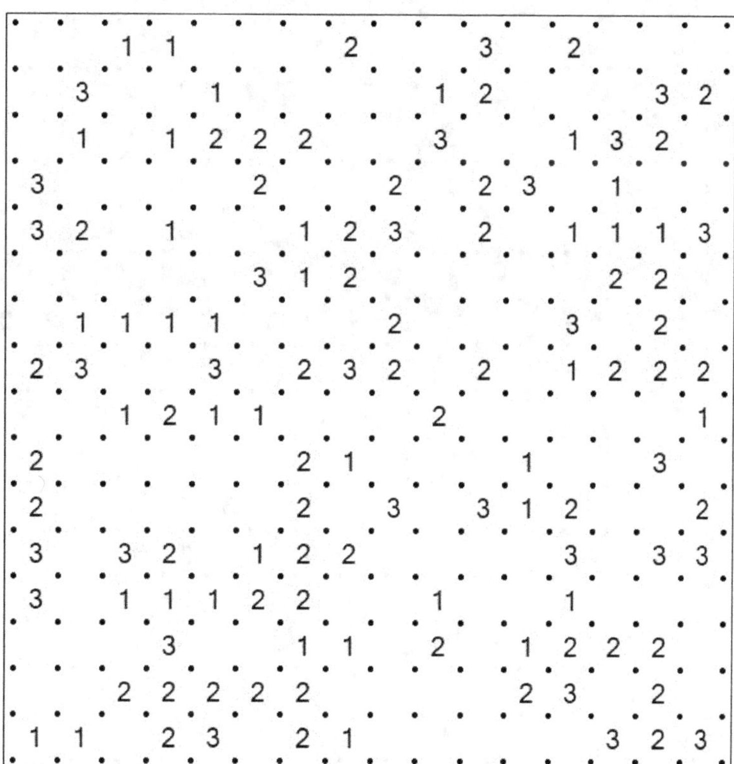

Slitherlink 130

```
  2     2              1         1   3
    2  1     2  0              2  1
1  2     1     2  1  3  1     2  1  1  2  2
      2                             3     1  3
3  2     2     2  2     2     3        3  1
      2  3     1  2  3     2  1     3     2
      2  2           1  2              2
2  2     2     2     1  2  1     0        1
3  0     1        3        2  3        2
         1     1  2     1     2
      2     3  2           1     3     1     1
3     2        1     1  2           3  1
      2     3     2     1                 3
2  2        1     3     1     2  3        1
      3     3           1  3     2  1     2
3     2  2        3  2     1challeng        2
```

Slitherlink 131

```
3  1     2           2     3     3
3     2     2  1  2     3  2        3
   2        2  2                 3     2
2  3     2     2  1     3  1     2     1  2
         2     2  2        2  3     2     1
   3  1        1  1     0  3           3
   2  1  2        2  3     3        0     2  2
2        3        2                       2
3           3     3     3  2        1     3
   3  3        1  3philosoph  2  2  2  1  1
   1  1           2        3  1        2  3
   2              1     2  2  3  1  3     2  1
   0           2  3     2  1     2
2  2     2  3     2  1     3        1        2
2  2     2     1           1        2  2
      1challeng  3philosoph1  2philosoph1  1
```

Slitherlink 132

Slitherlink 133

Slitherlink 134

Slitherlink 135

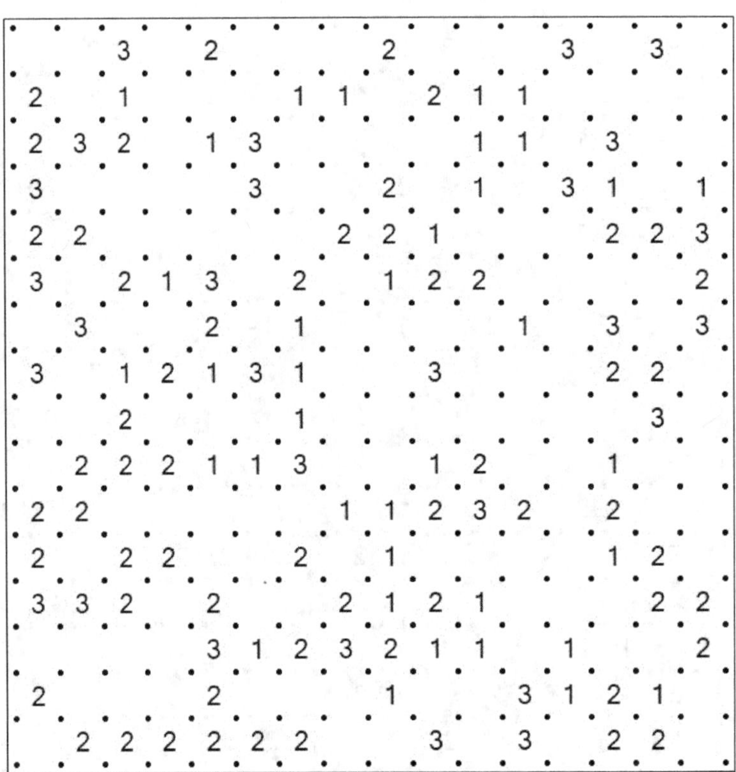

Slitherlink 136

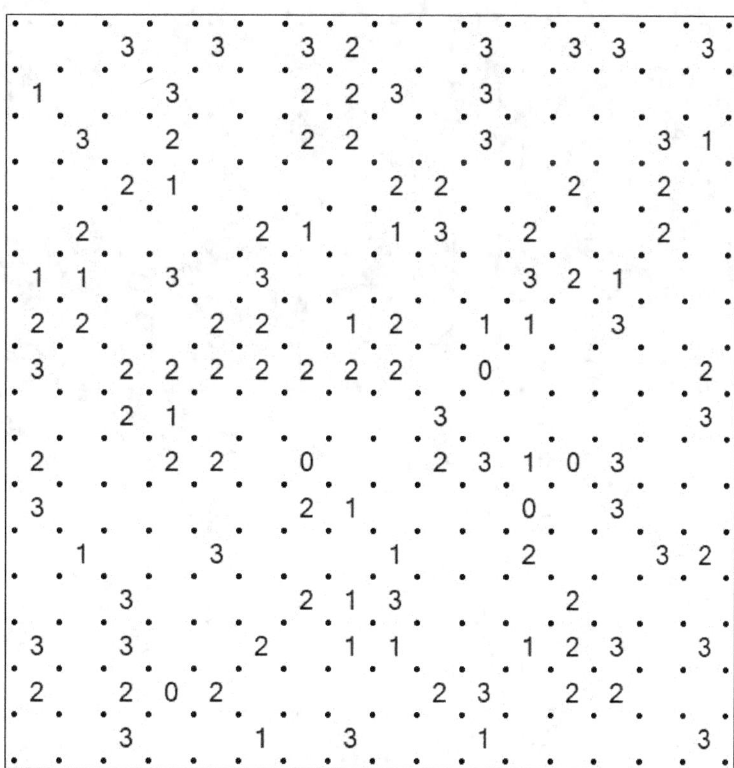

Slitherlink 137

**Slitherlink 138

Slitherlink 139

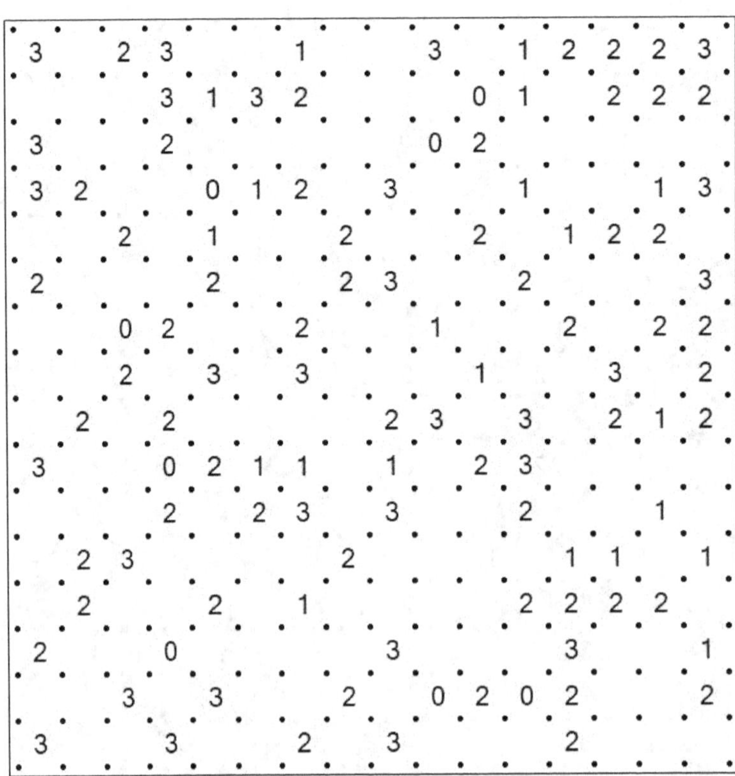

Slitherlink 140

Slitherlink 141

Slitherlink 142

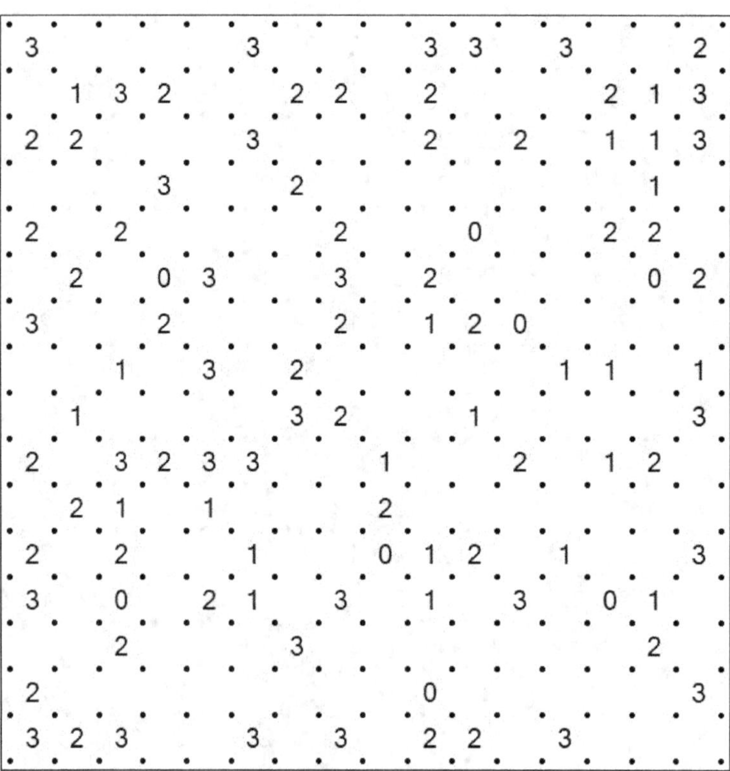

Slitherlink 143

Slitherlink 144

Slitherlink 145

Slitherlink 146

Slitherlink 147

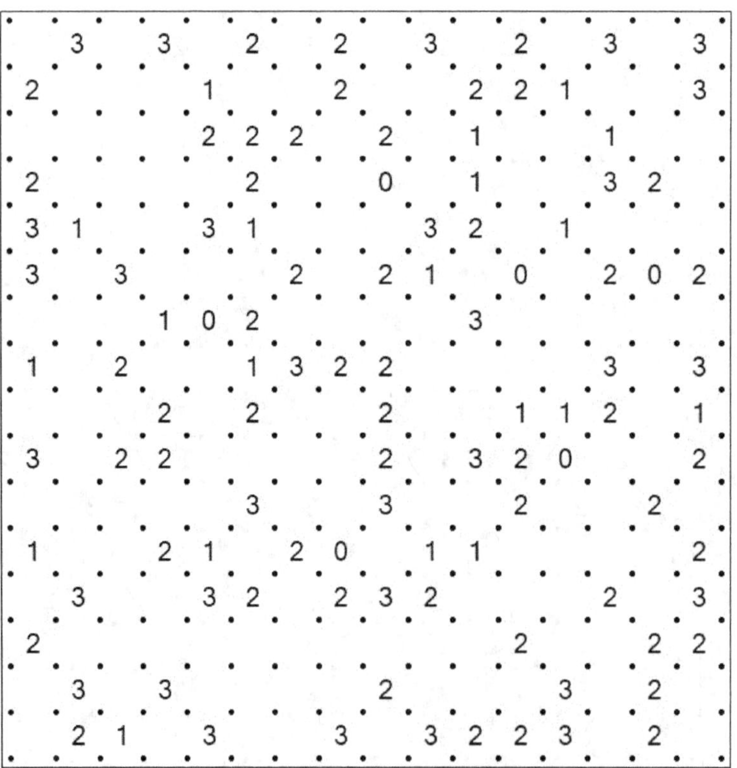

Slitherlink 148

Slitherlink 149

Slitherlink 150

Slitherlink 151

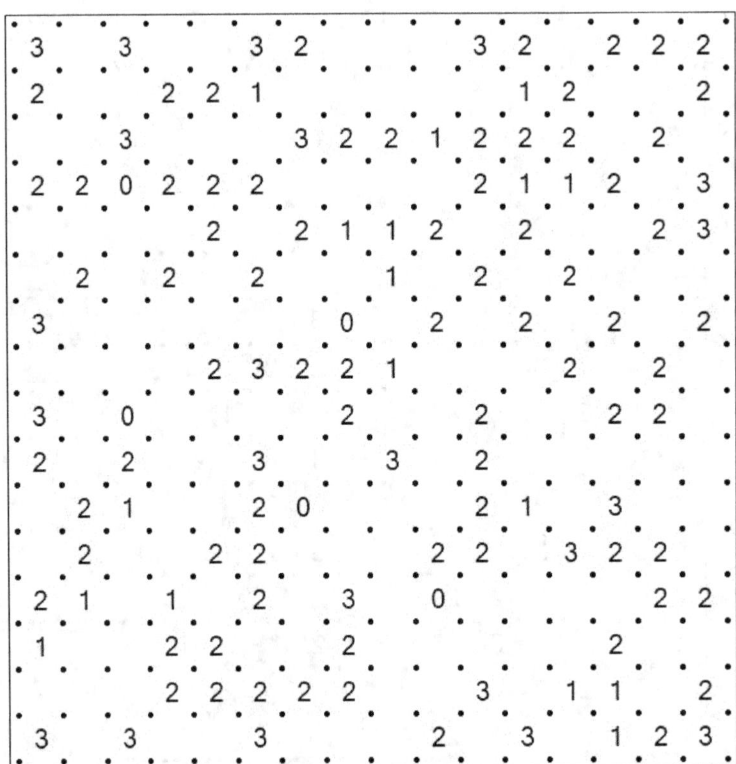

Slitherlink 152

Slitherlink 153

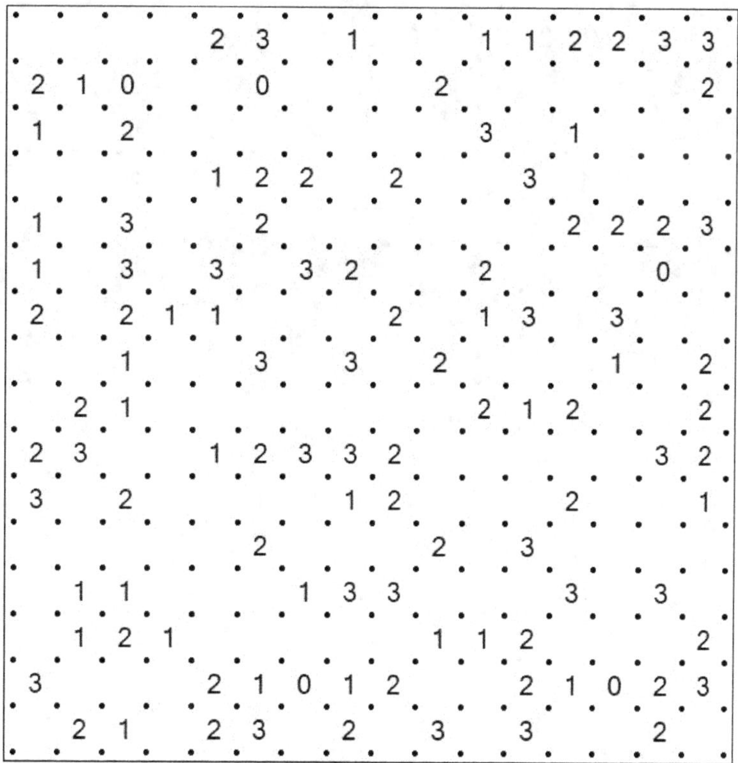

**Slitherlink 154

3 2   1   2 3   2 2
    2 3 2   2   1   3   3
2 1   2 0   1   2
          3 2   1   2 0 3
2 0 2 1   2   1 2
          1 2   1 1
2   1   2 3   2 2 2 2 2 0
          1 2 3   2   1 2 2   3
       2   2 2 2   2 1
2 0 1 2   2   3
3   2   1 2 3 2   1 3
       2   3 2   2 1   3
    1 3 3 2   1   1   2   2
1 1   0 2 1   2 2   2 1 2 2
       1   3   0   2   2
3   2   3 3   2   2

Slitherlink 155

3   2 2 3   3 2   2   3   3
2   3   1   3   2 1
3   0   1   2 1   3   3   3 1
       2   1 3   2 1   3
2   2 2   2   2   3
3   2 2   1 2
    2   2 2 2   3 2 3   3
    2 2   2 1 2   2 2
3   1 2 3   2 1 2   2
2   1 2   2 1   2 2   2 1
       1   2   2 3 2 1   3   3
       2   1 2 2   2 2
    3 3 3   2 2 3   1   2
       2 1 2 1   2   2
    3 3 2   1   0 3
1   0 1   3   2 2   2   3

Slitherlink 156

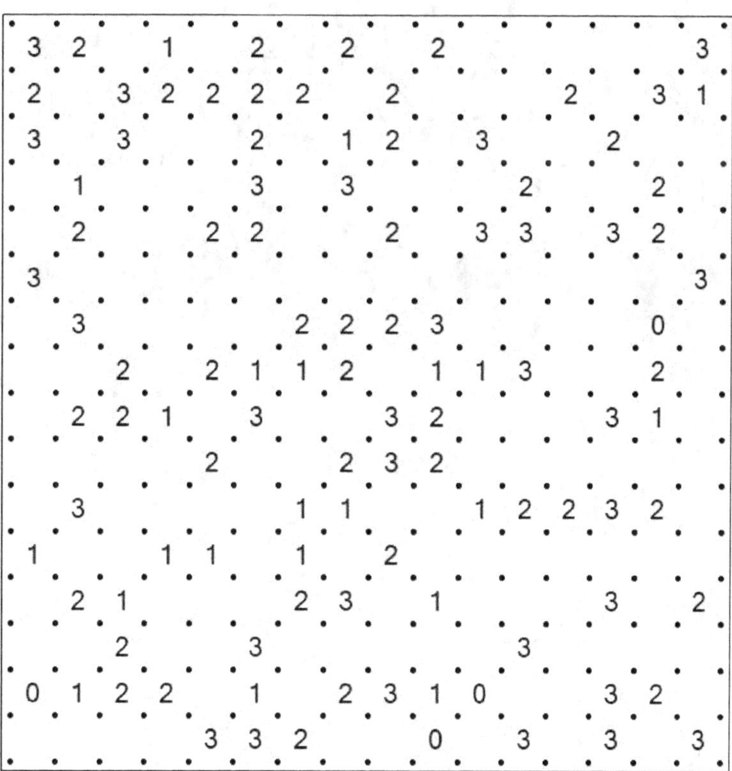

Slitherlink 157

Slitherlink 158

Slitherlink 159

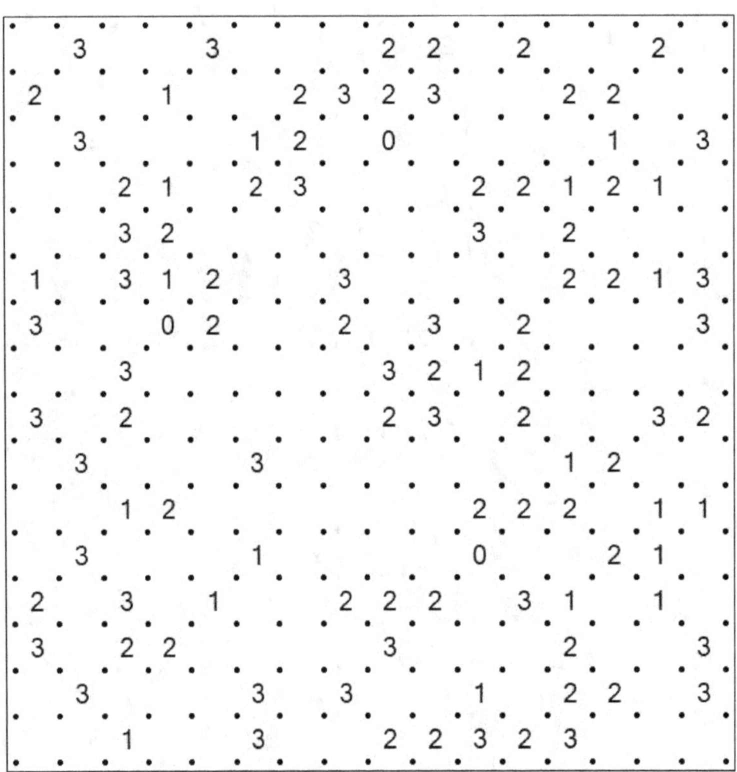

Slitherlink 160

Slitherlink 161

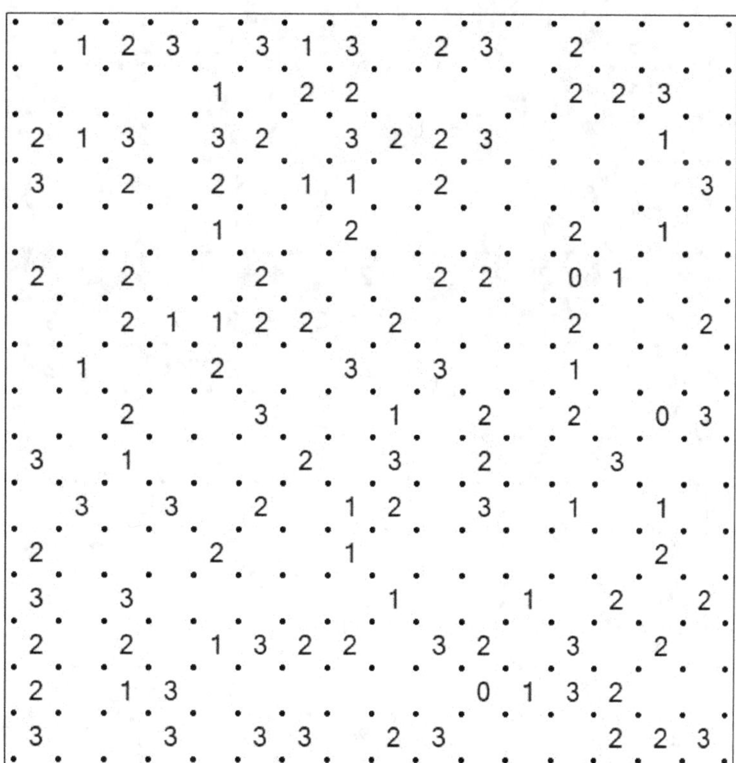

**Slitherlink 162

Slitherlink 163

Slitherlink 164

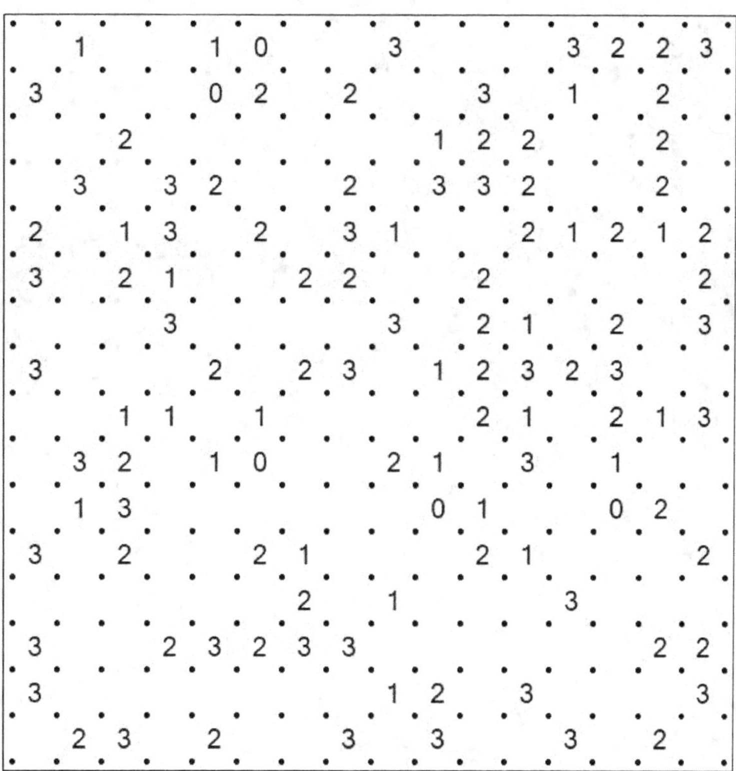

Slitherlink 165

**Slitherlink 166

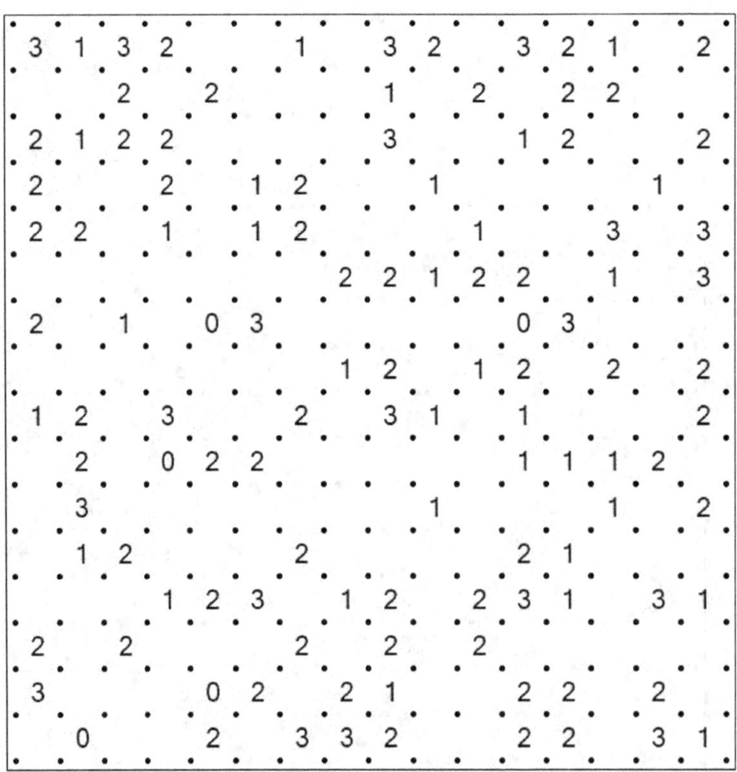

Slitherlink 167

Slitherlink 168

Slitherlink 169

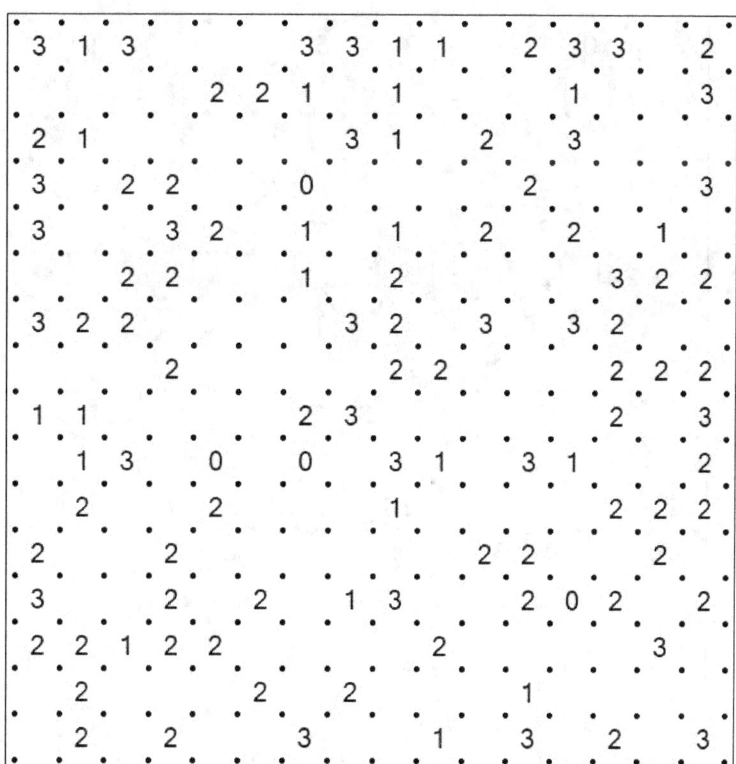

Slitherlink 170

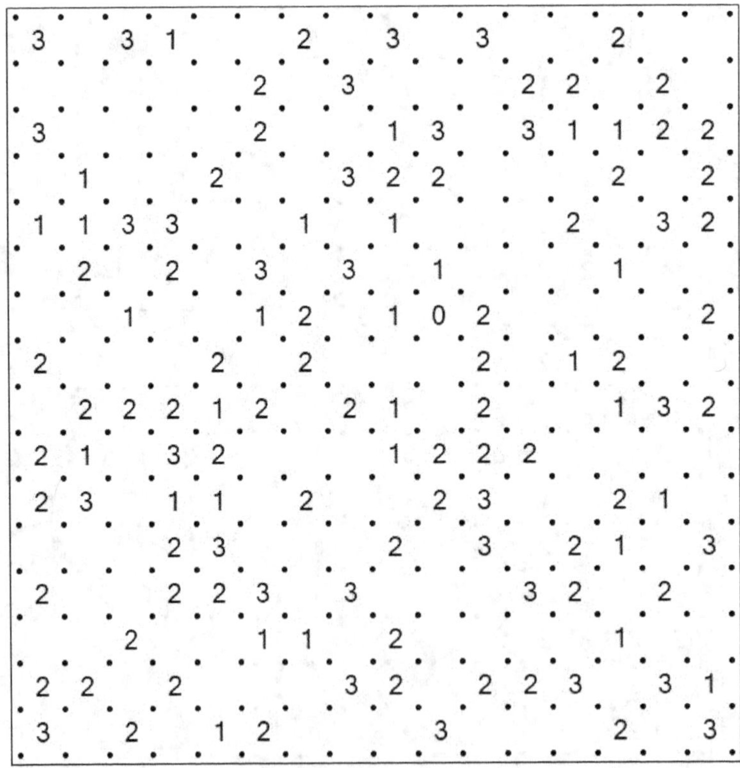

Slitherlink 171

Slitherlink 172

Slitherlink 173

Slitherlink 174

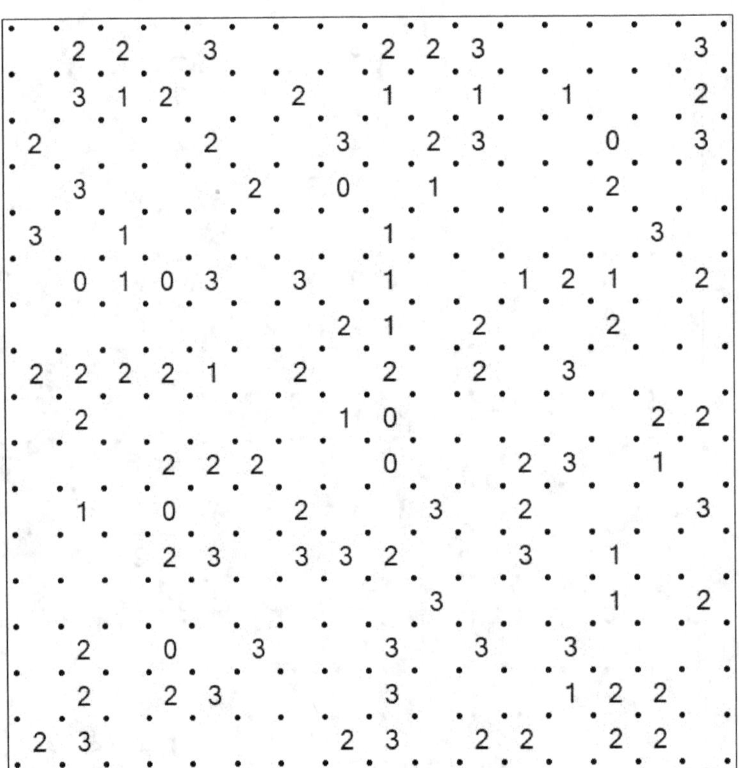

Slitherlink 175

Slitherlink 176

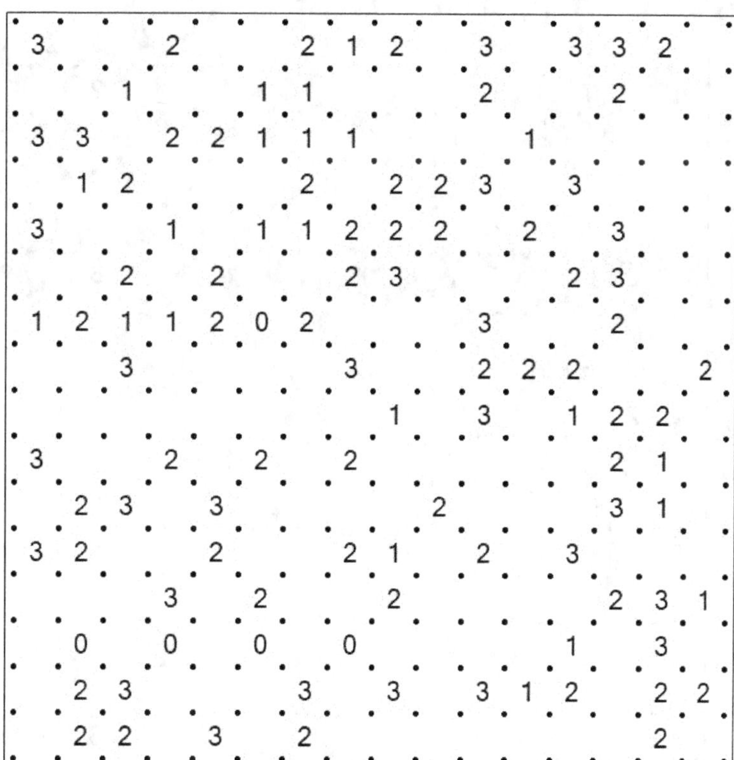

Slitherlink 177

**Slitherlink 178

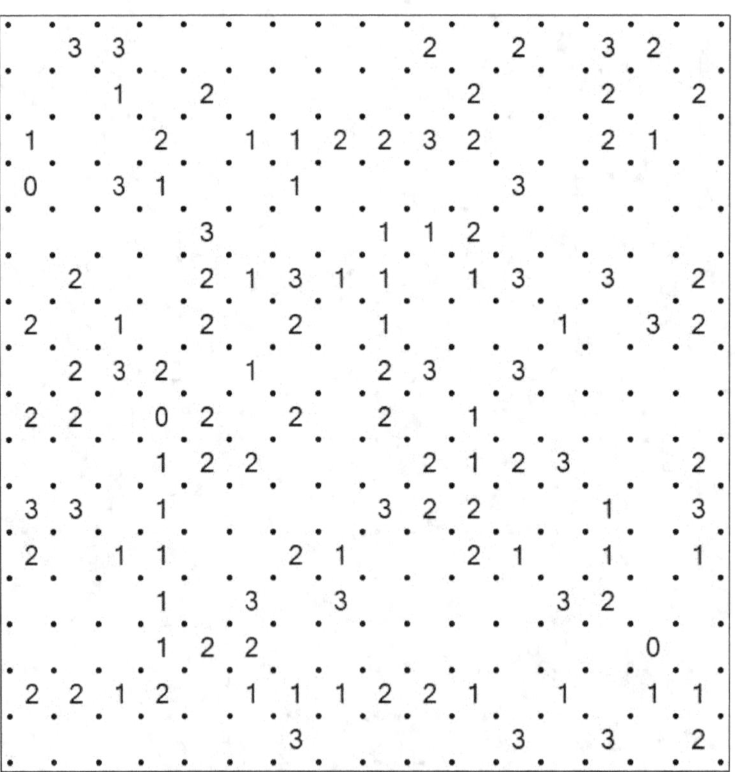

Slitherlink 179

**Slitherlink 180

```
3     3       2       3     3     3 2
         2       3 1     3 1           2
2       2     3           2       2 3 3 3
   2 3           3         3       0     2
   2 1 3       1 1       2       3 1   1
3       2   1           2 2         3
         2             2     2 2     1 2
3       3   1     2         1 3
2 1     2         2 2     0       3 1 2
   3       3 2       2 2 3       2
            1           2     0         3 3
2 2 3     2             1       1     0
2       2 2 3 1       2 3 3       2 1
3 2     1 1         2     0     2
2       3       2       2 1         1 2   2
               2 3 1 3               2 1
```

Slitherlink 181

```
2           3           2       2 3 2 2       2
   3 3 1         2         2 3       2           3
            1 1 2 2 1                           2
      1       2 2 3         1 1         2 1 1
      1                   1           3 2 3
3     2 2               2           2 2 1 2
2               2           3 0       3 2       2
3 3       2 1 2               2             2
   1 2       2 3         2 2       2 2 2 1
   2           3 2 2       3         3 3     1 2
3         3 2 2         3             2       3
   0 3           2         2           1
   1         1           2 1       1 2       3 3
3 2         3 3         2         2 1       1 2
   2           1 1       1       1       3
3       3           2 3           1       2 3
```

Slitherlink 182

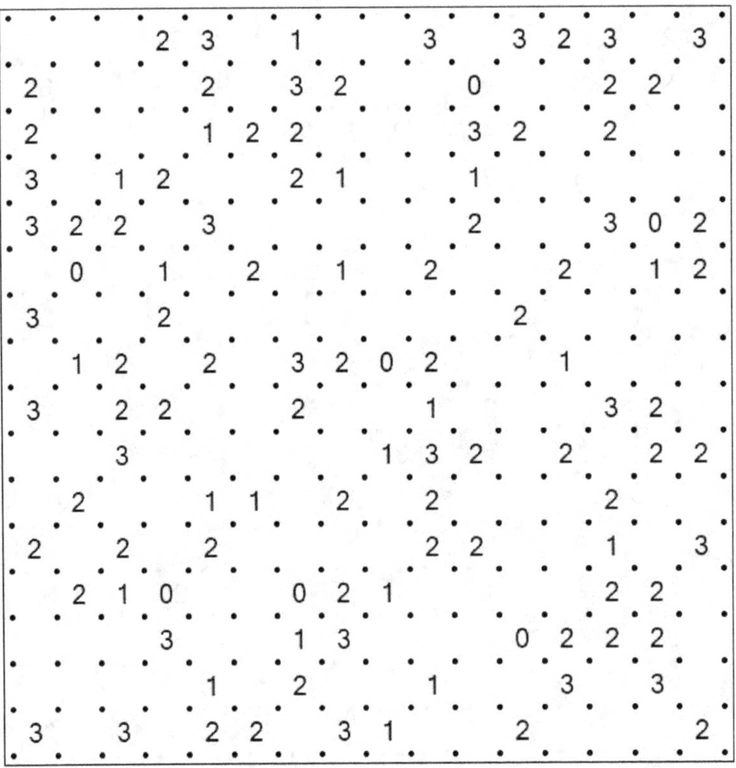

Slitherlink 183

Slitherlink 184

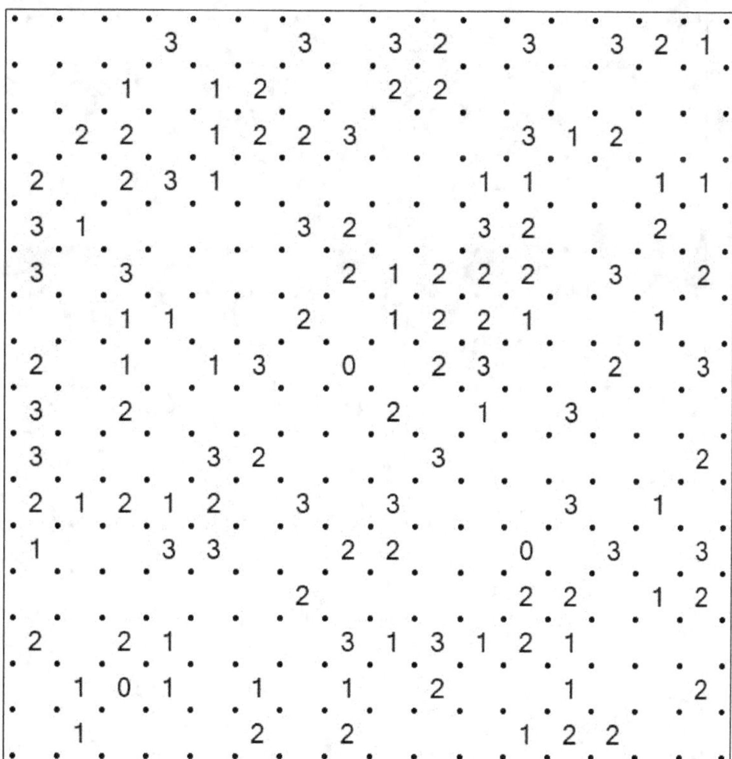

Slitherlink 185

**Slitherlink 186

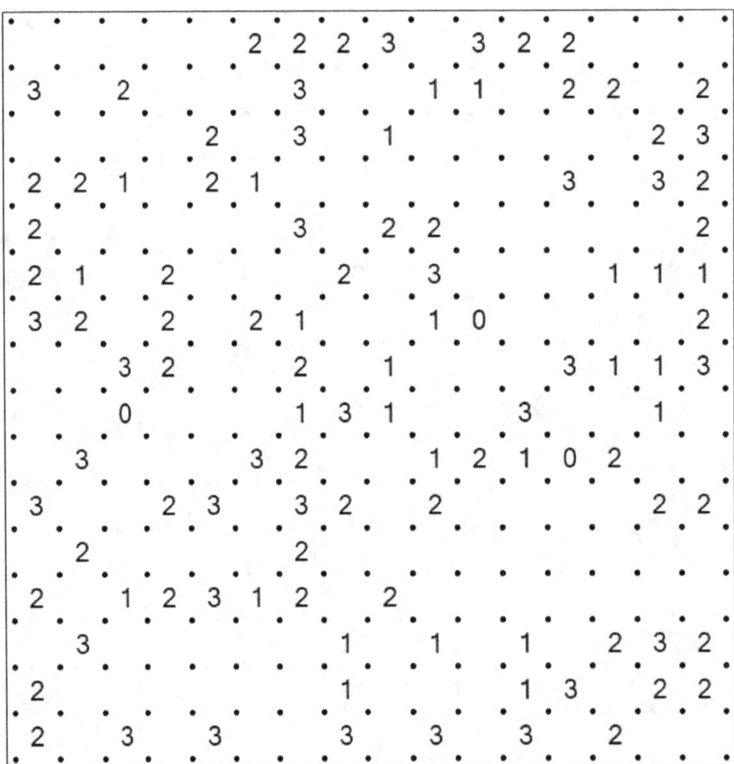

Slitherlink 187

Slitherlink 188

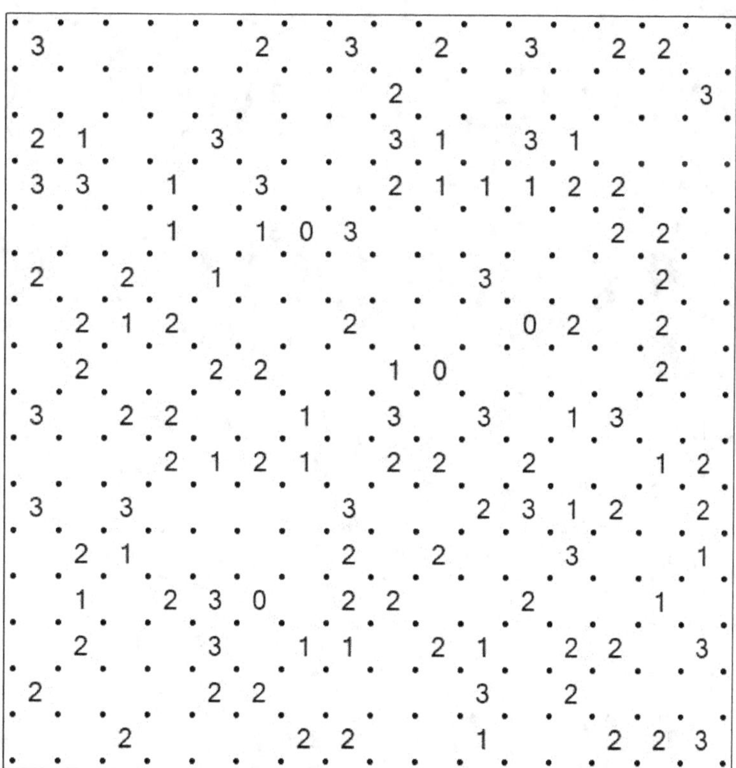

Slitherlink 189

Slitherlink 190

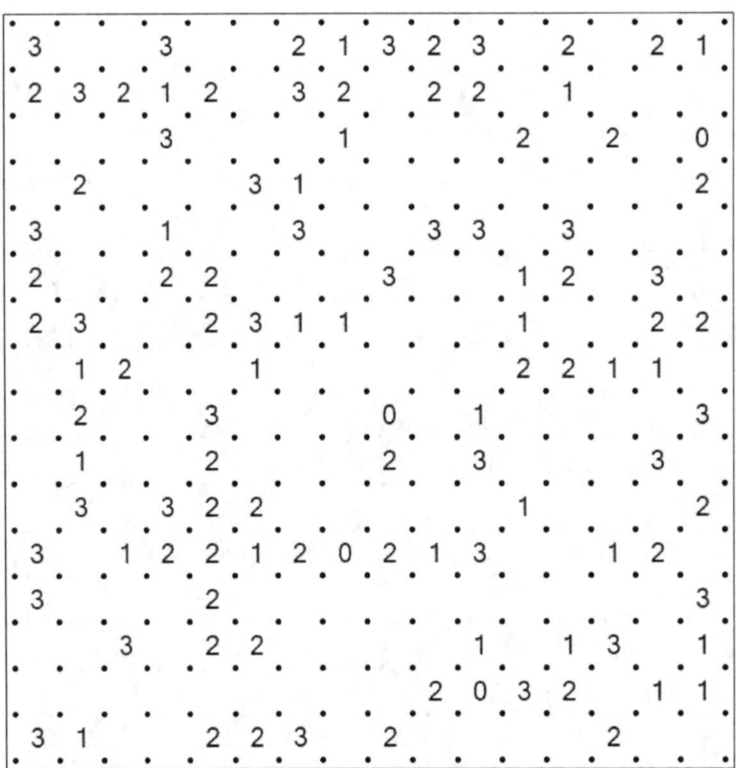

Slitherlink 191

Slitherlink 192

Slitherlink 193

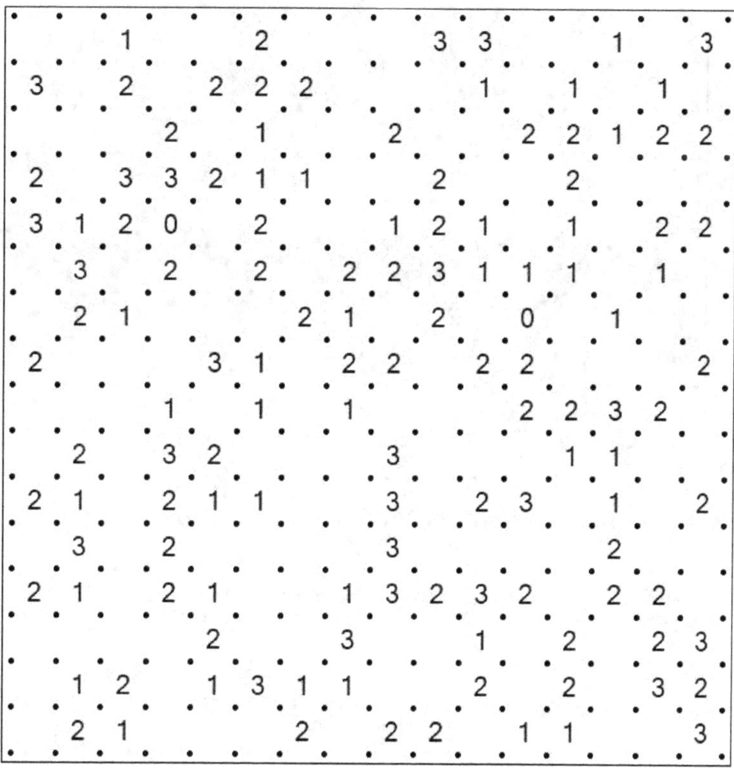

Slitherlink 194

Slitherlink 195

Slitherlink 196

Slitherlink 197

Slitherlink 198

Slitherlink 199

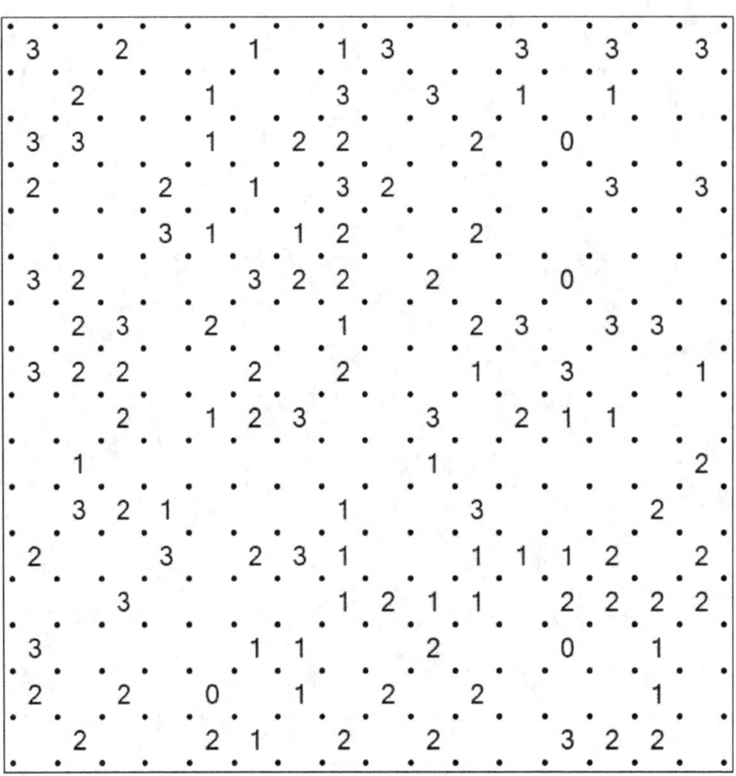

Slitherlink 200

SOLUTIONS

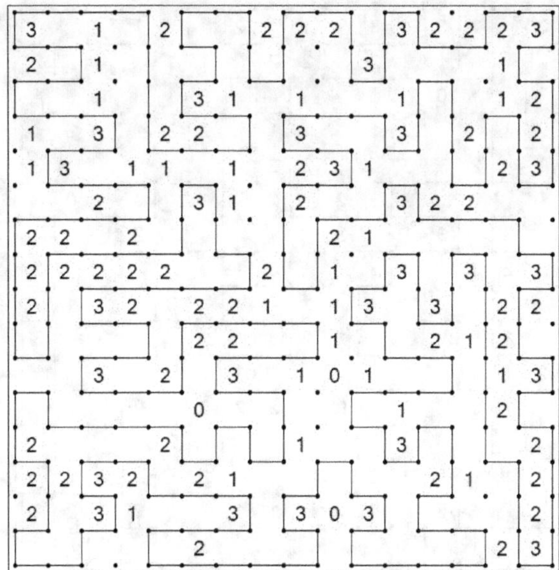

Slitherlink 1 solution

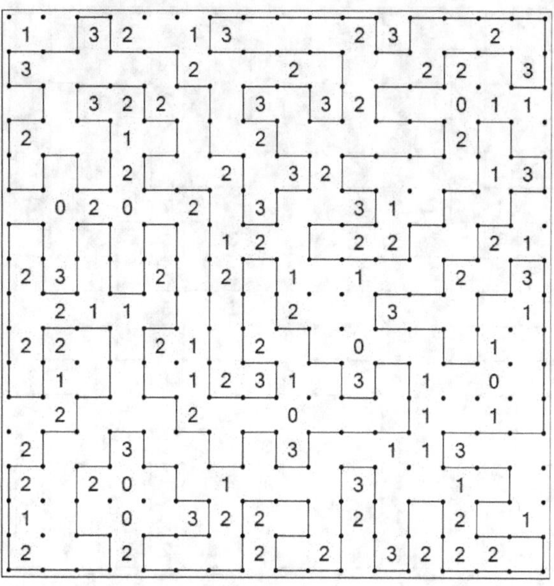

Slitherlink 2 solution

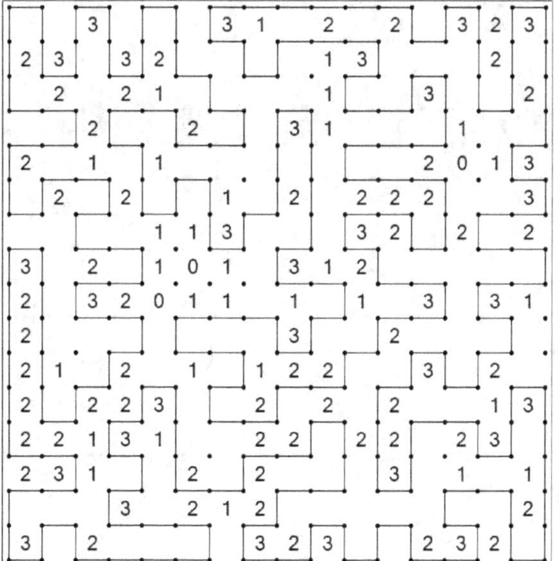

Slitherlink 3 solution

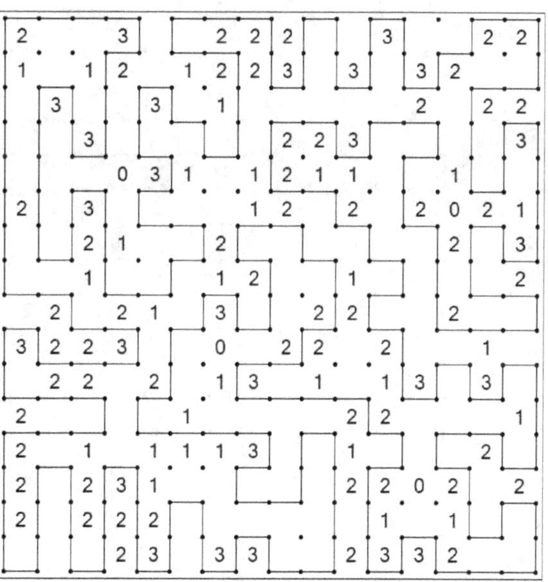

Slitherlink 4 solution

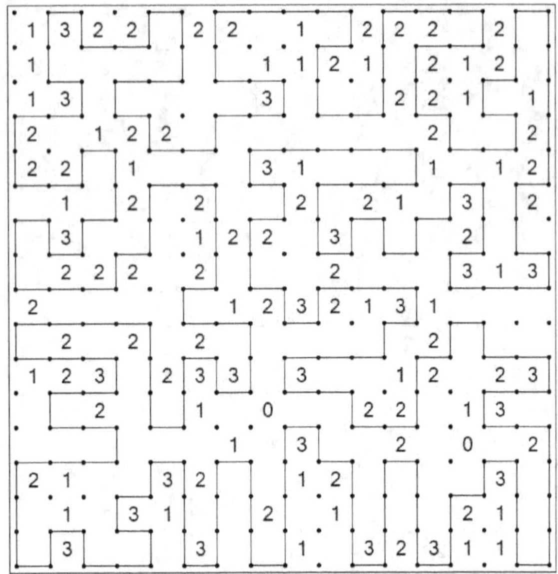

Slitherlink 5 solution

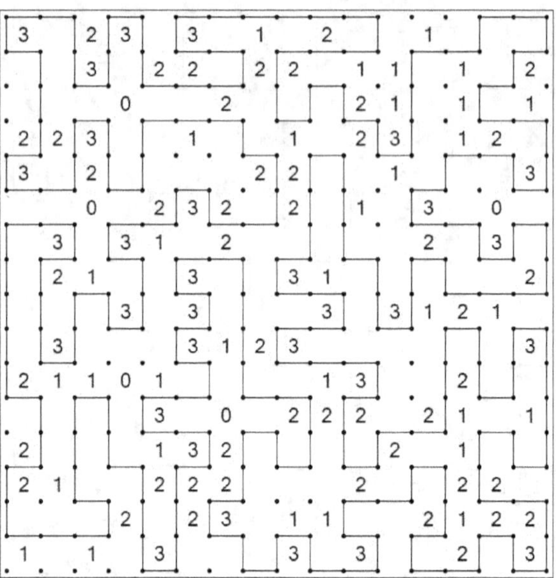

Slitherlink 6 solution

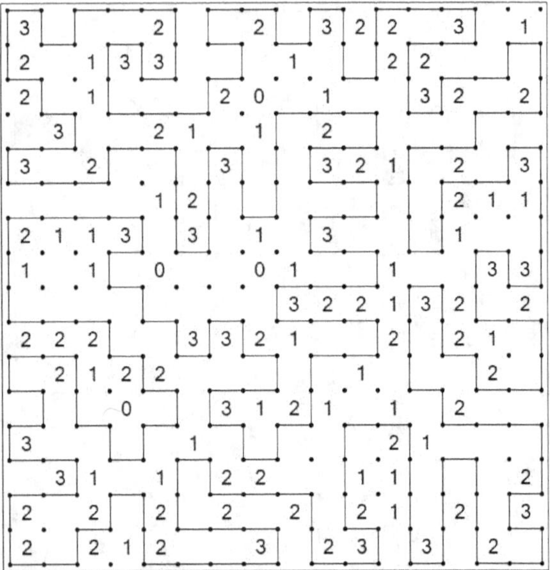

Slitherlink 7 solution

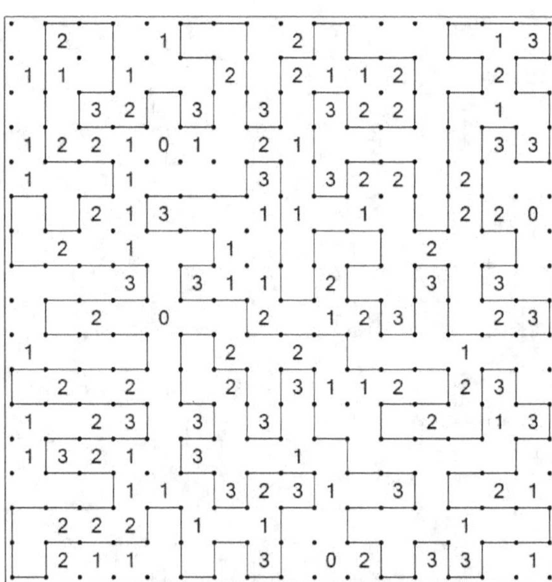

Slitherlink 8 solution

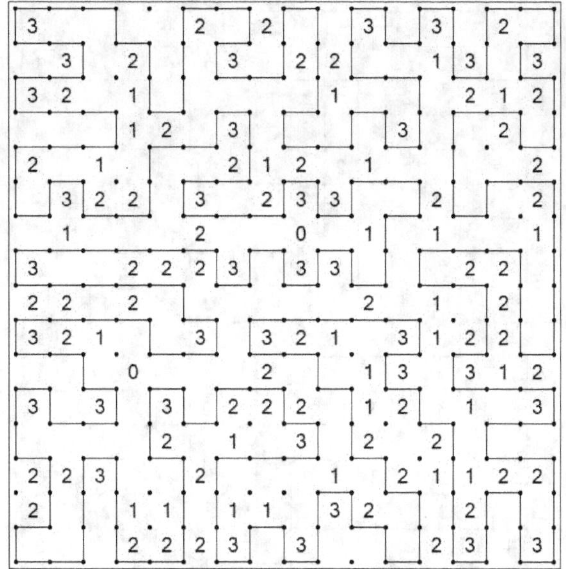

Slitherlink 9 solution

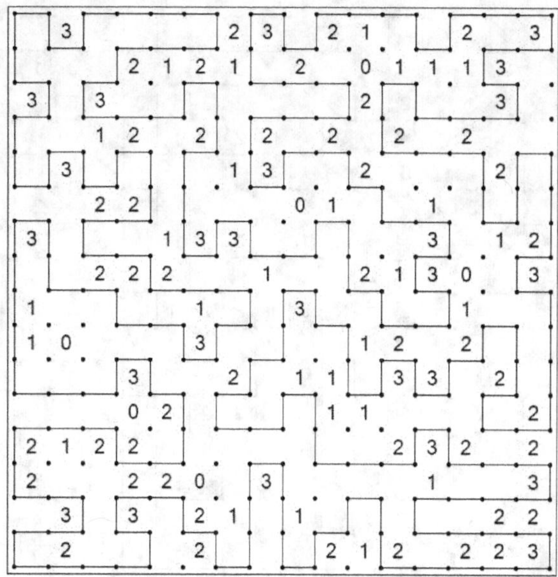

Slitherlink 10 solution

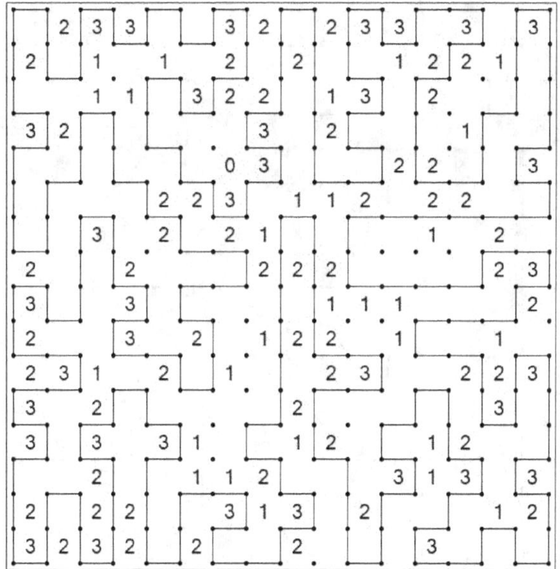

Slitherlink 11 solution

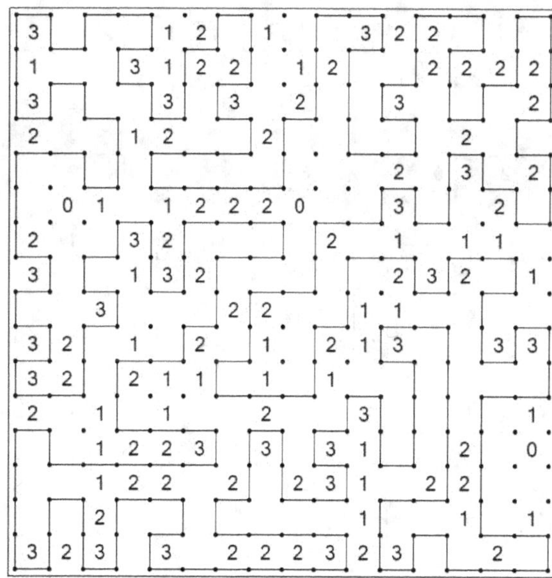

Slitherlink 12 solution

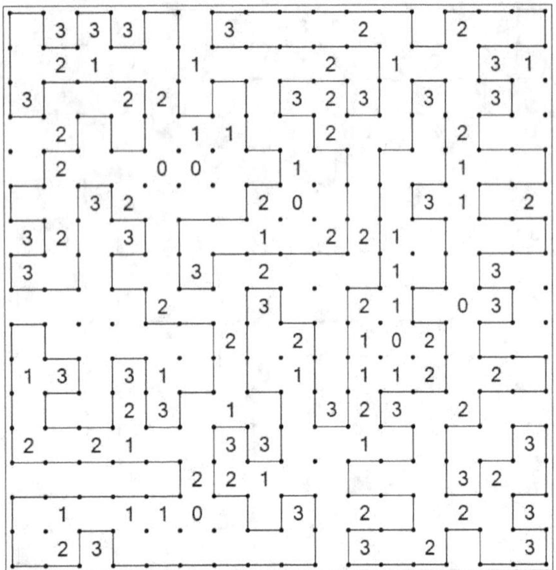

Slitherlink 13 solution

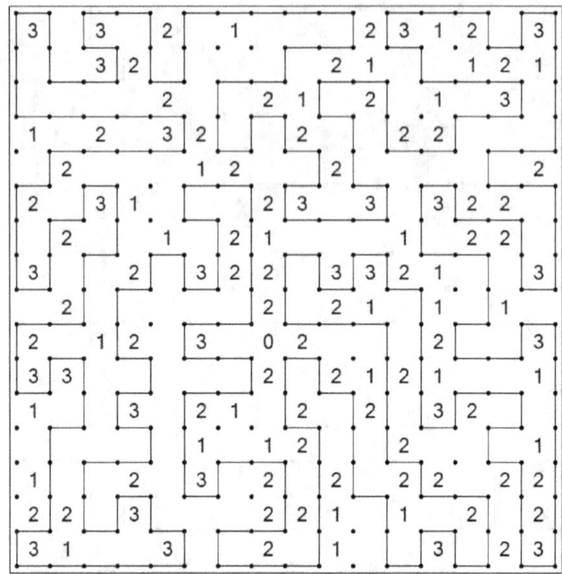

Slitherlink 14 solution

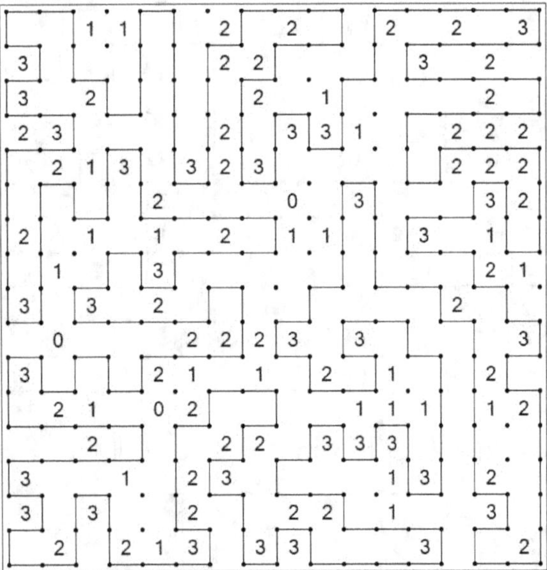

Slitherlink 15 solution

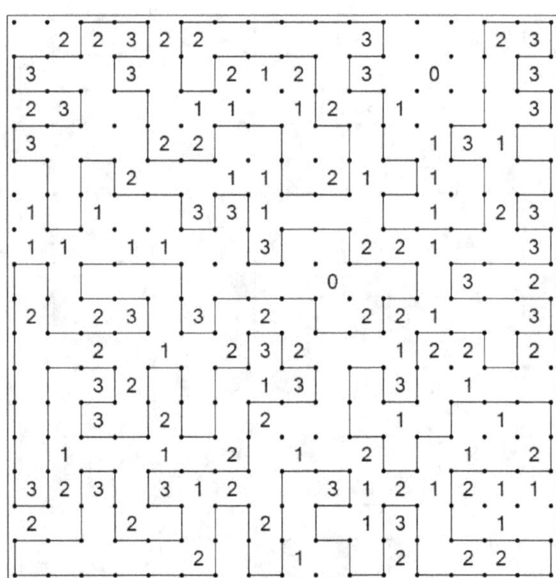

Slitherlink 16 solution

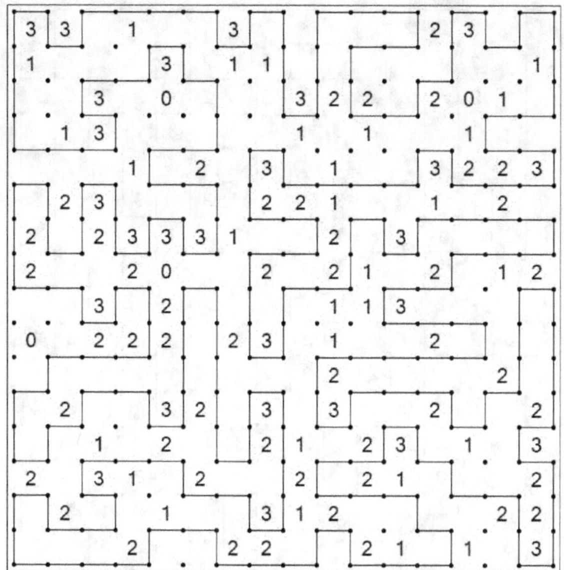

Slitherlink 17 solution

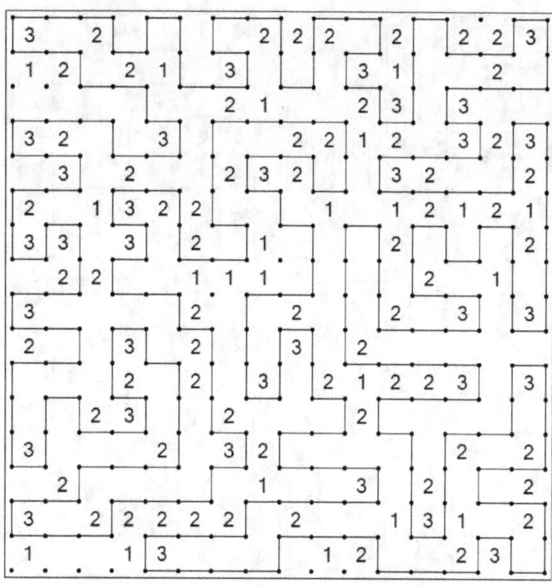

Slitherlink 18 solution

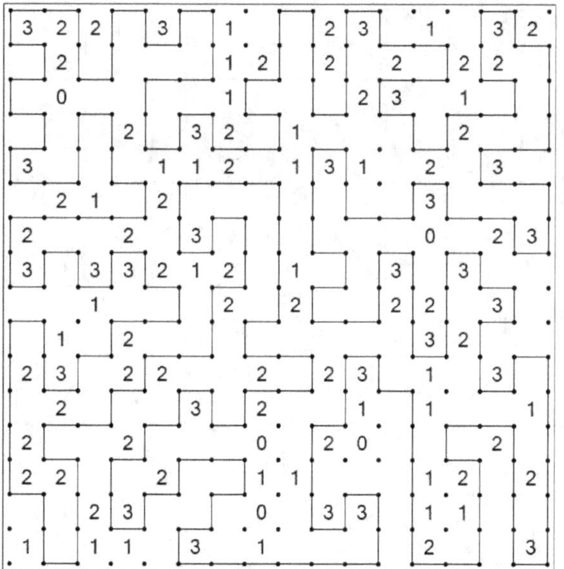

Slitherlink 19 solution

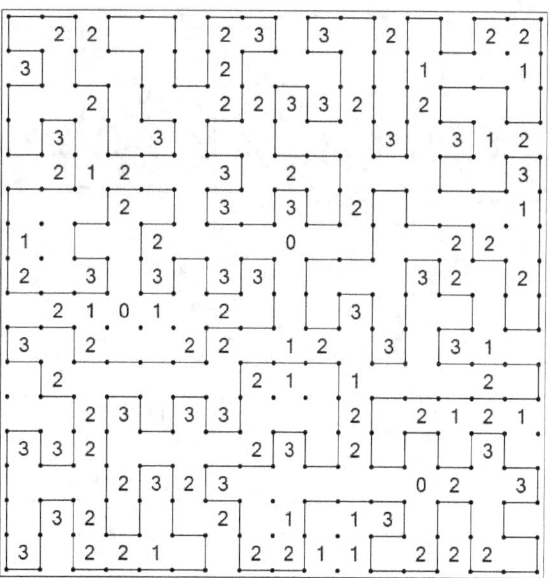

Slitherlink 20 solution

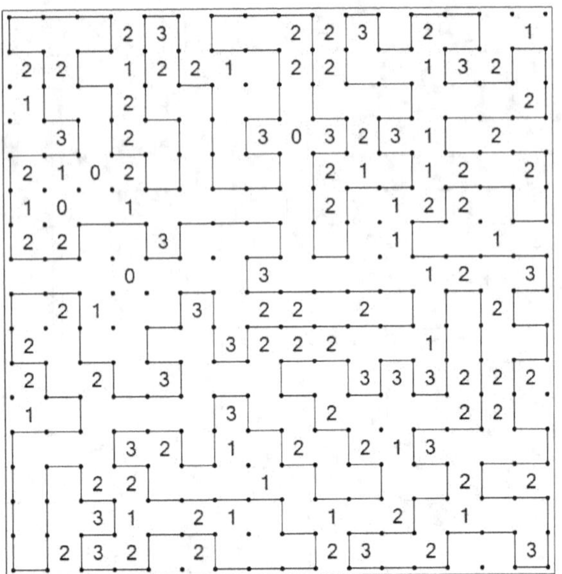

Slitherlink 21 solution

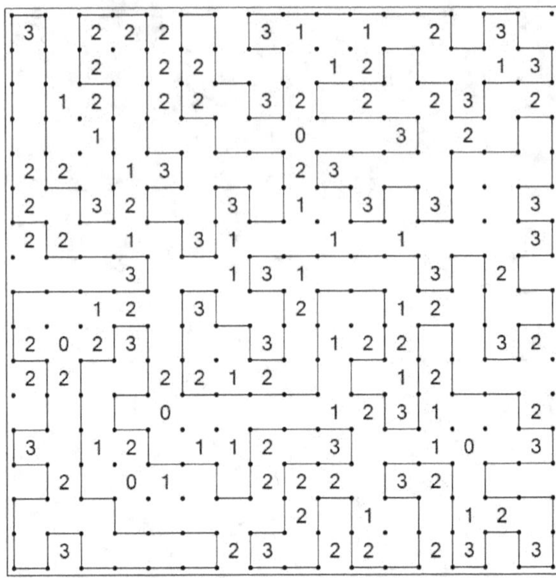

Slitherlink 22 solution

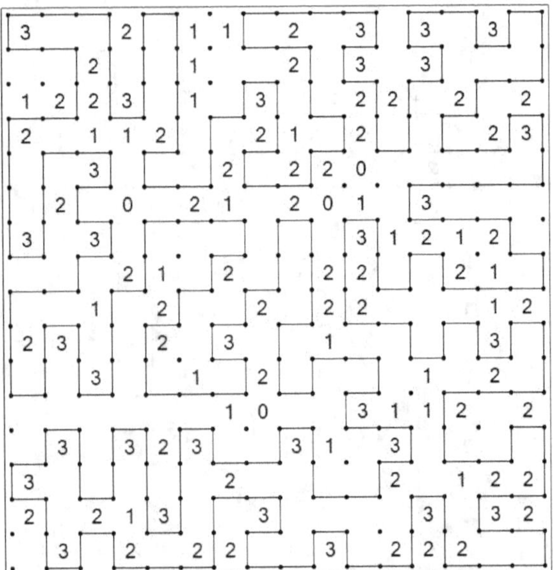

Slitherlink 23 solution

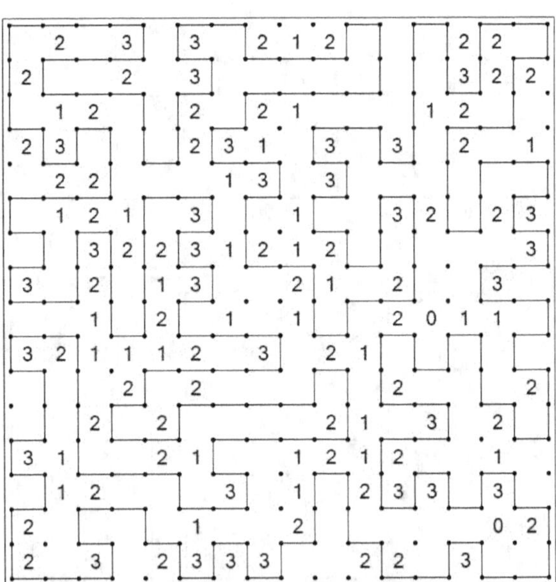

Slitherlink 24 solution

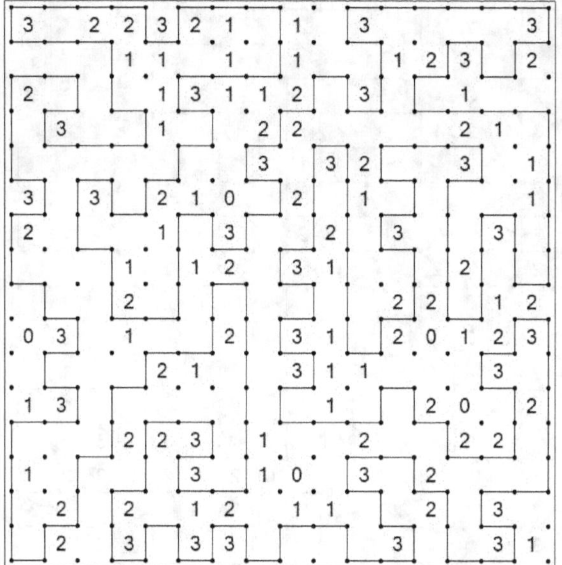

Slitherlink 25 solution

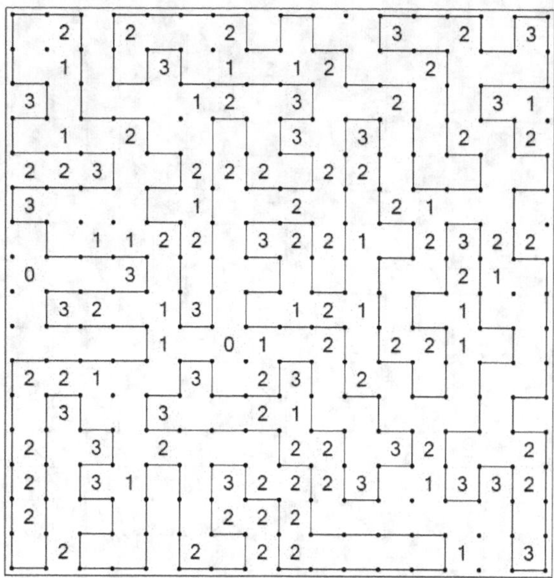

Slitherlink 26 solution

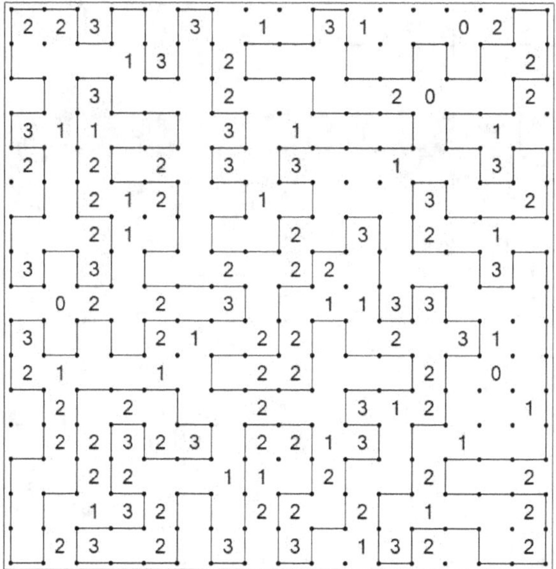

Slitherlink 27 solution

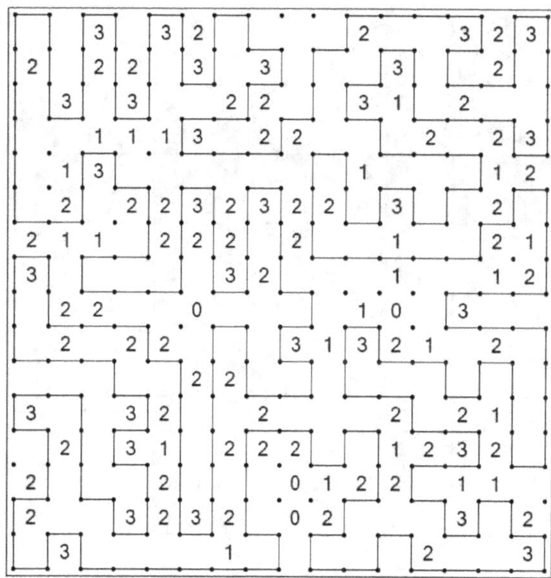

Slitherlink 28 solution

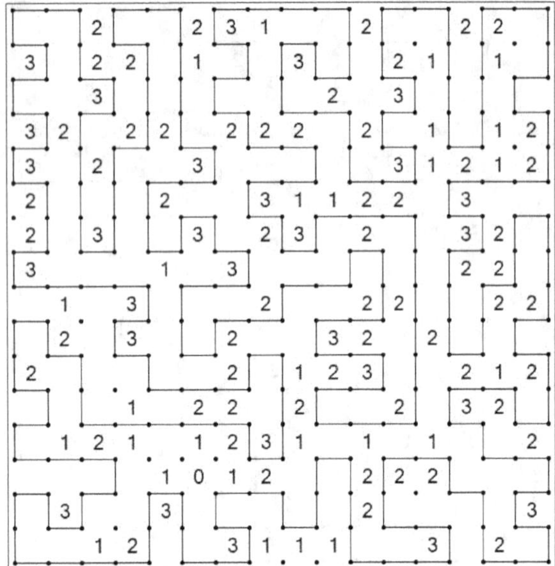

Slitherlink 29 solution

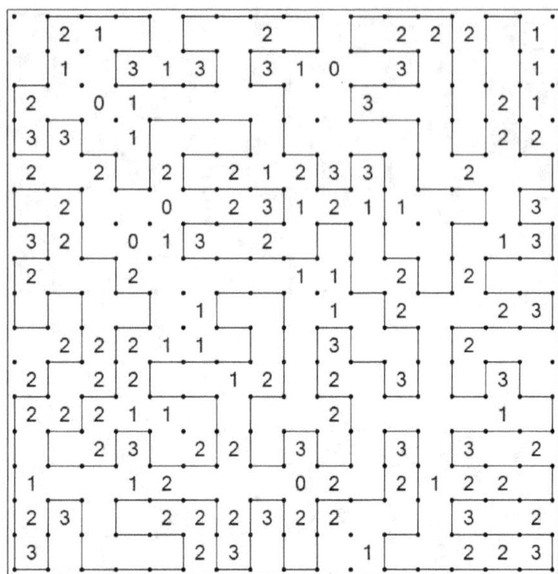

Slitherlink 30 solution

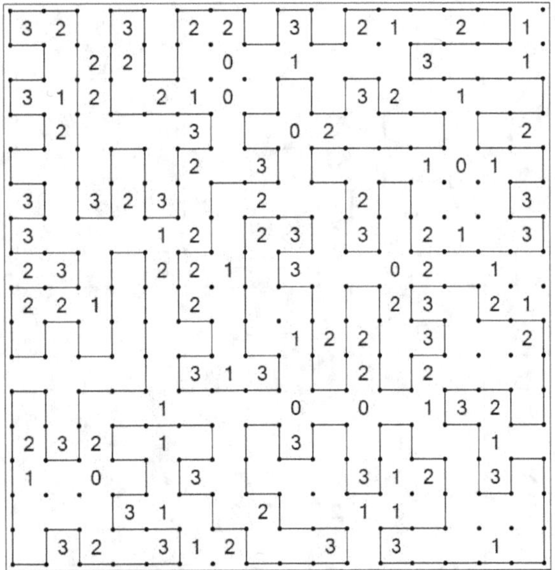

Slitherlink 31 solution

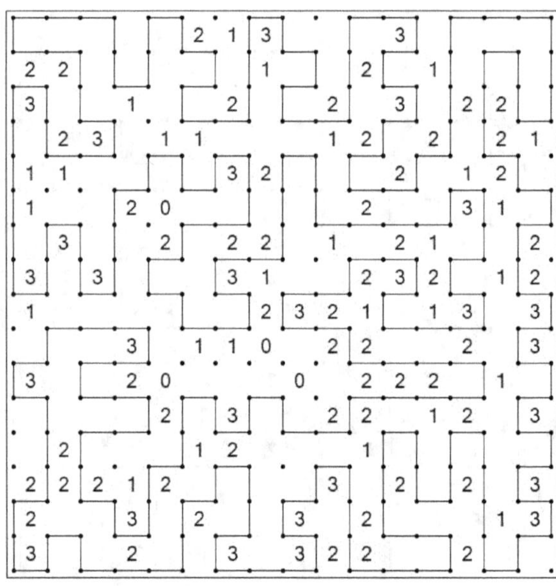

Slitherlink 32 solution

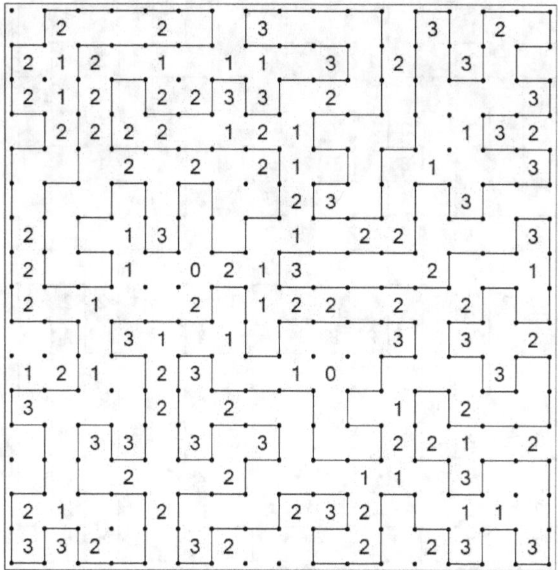

Slitherlink 33 solution

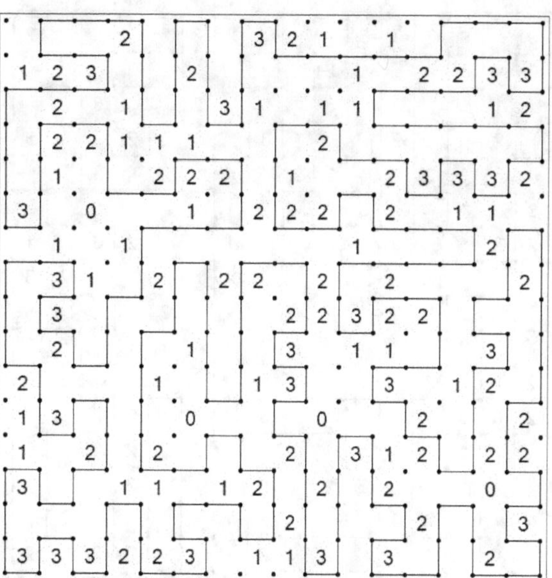

Slitherlink 34 solution

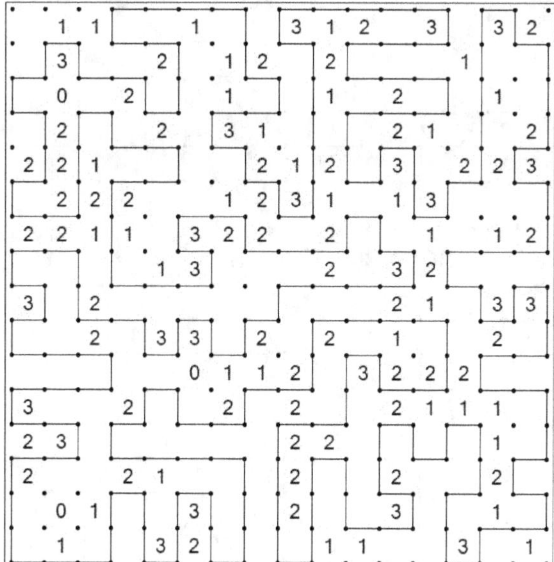

Slitherlink 35 solution

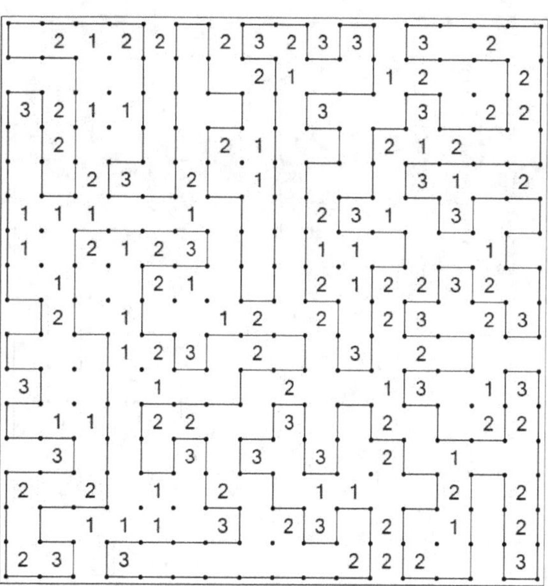

Slitherlink 36 solution

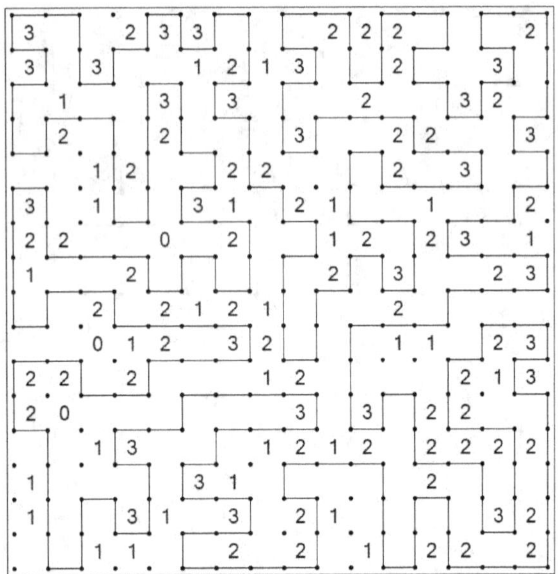

Slitherlink 37 solution

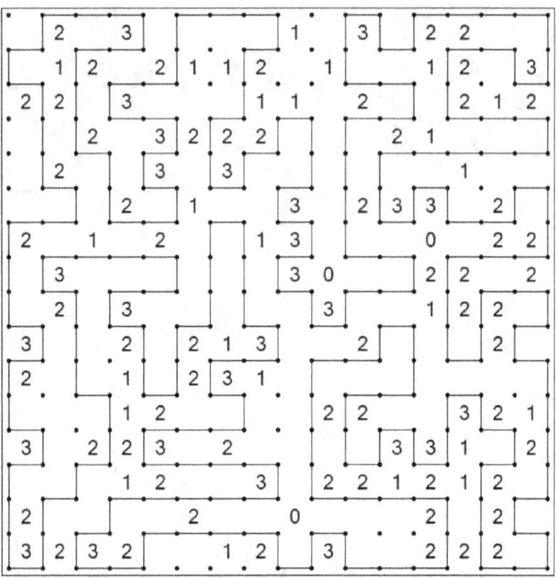

Slitherlink 38 solution

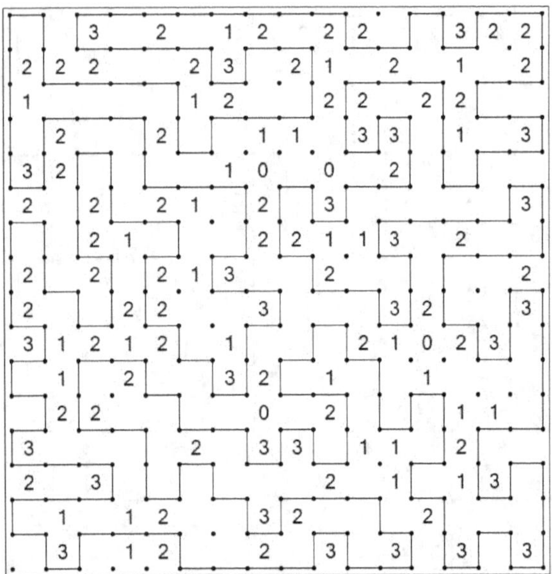

Slitherlink 39 solution

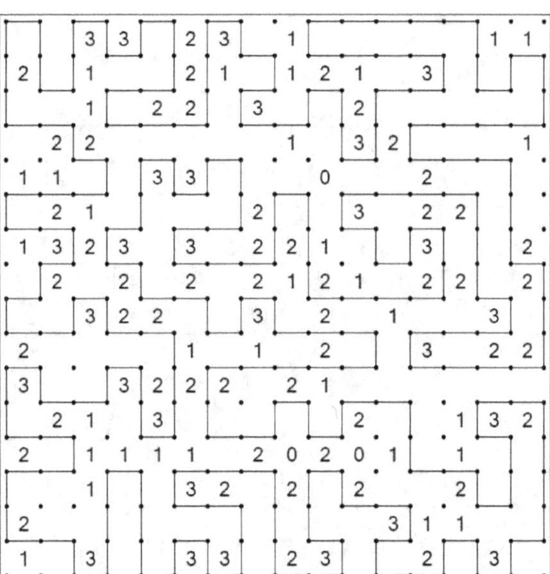

Slitherlink 40 solution

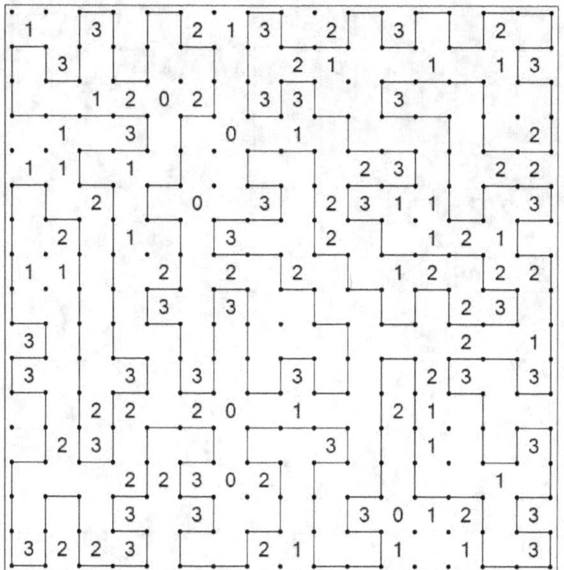

Slitherlink 41 solution

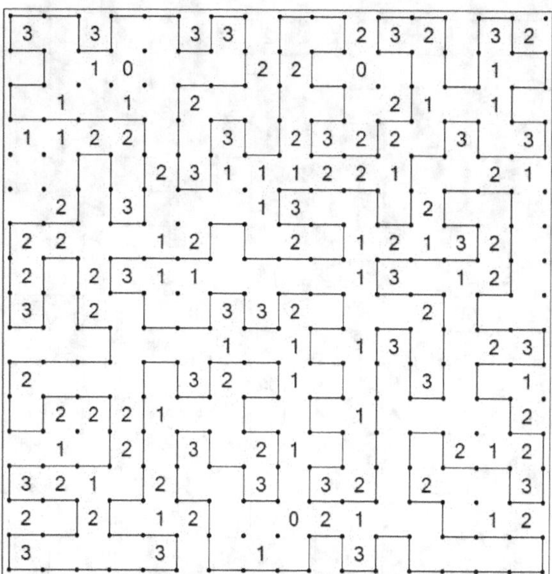

Slitherlink 42 solution

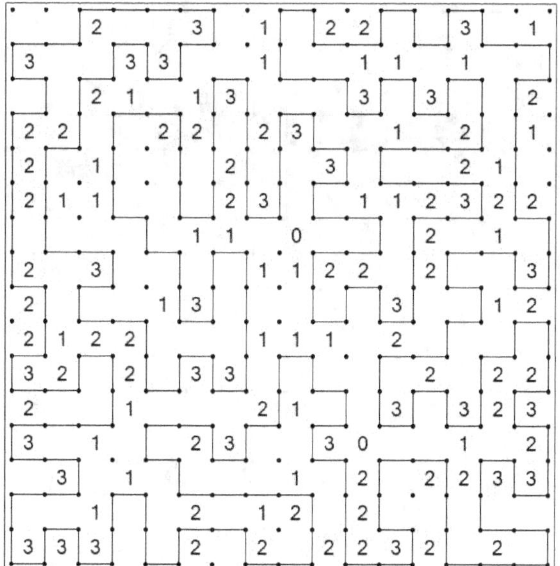

Slitherlink 43 solution

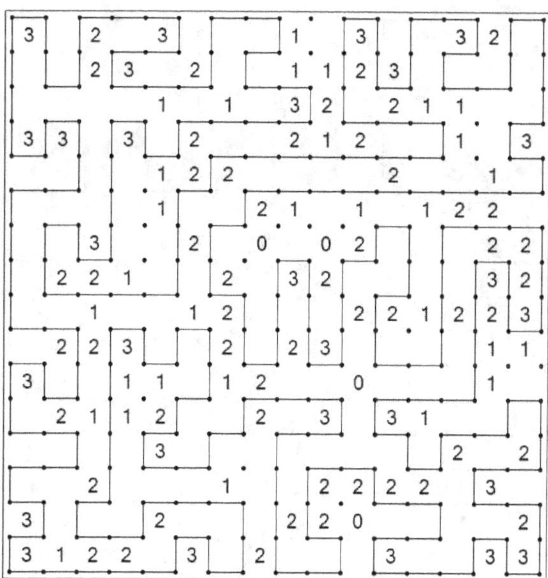

Slitherlink 44 solution

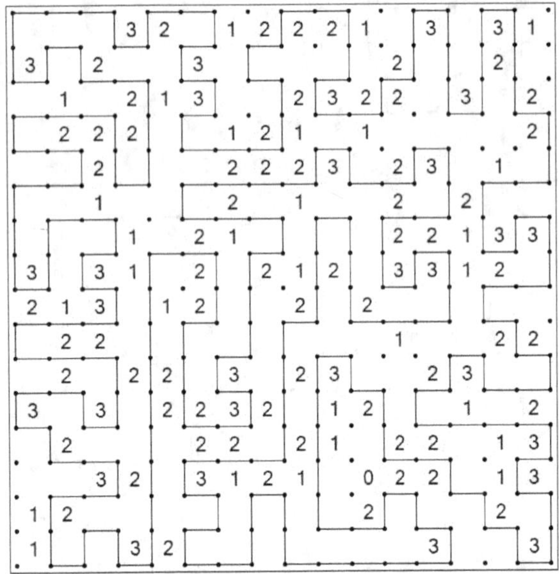

Slitherlink 45 solution

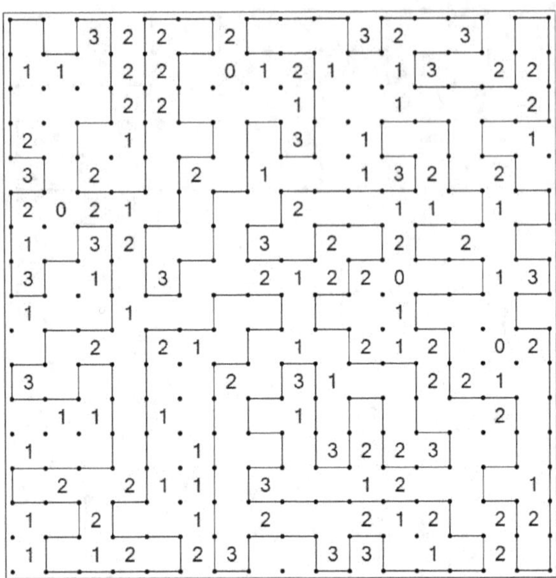

Slitherlink 46 solution

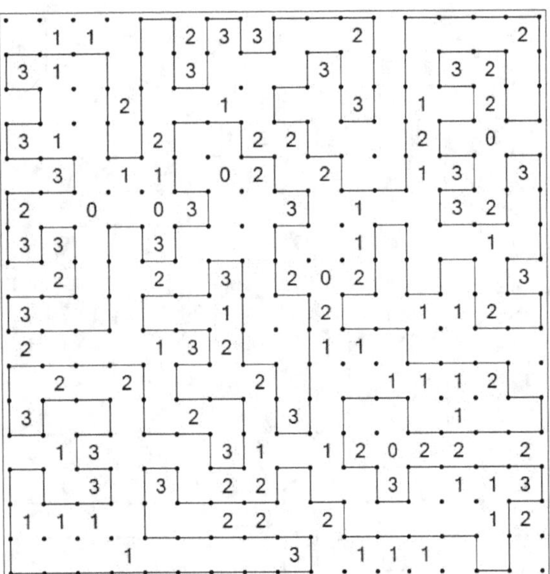

Slitherlink 47 solution

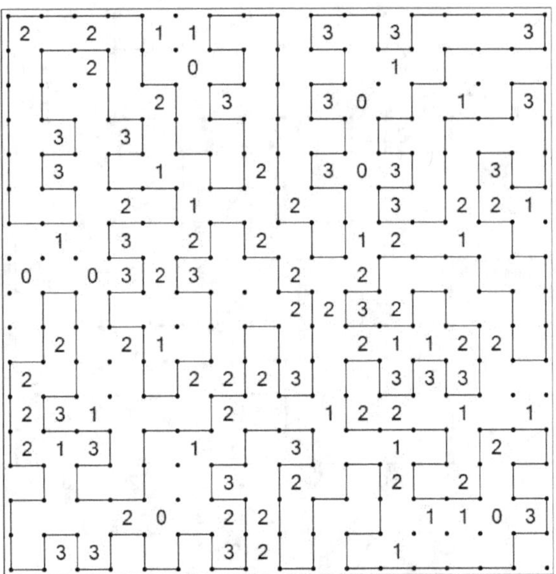

Slitherlink 48 solution

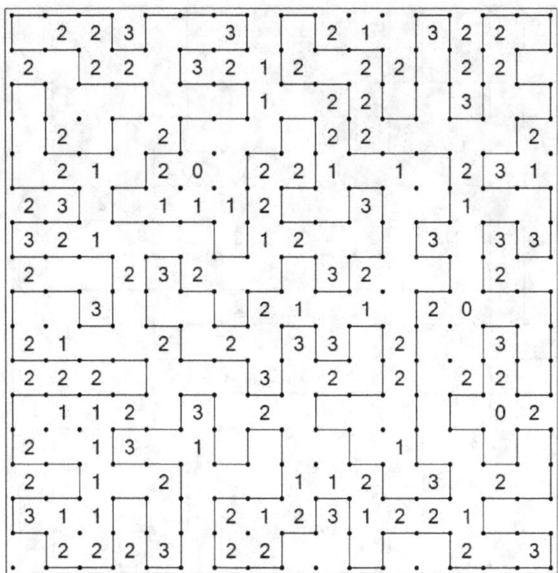

Slitherlink 49 solution

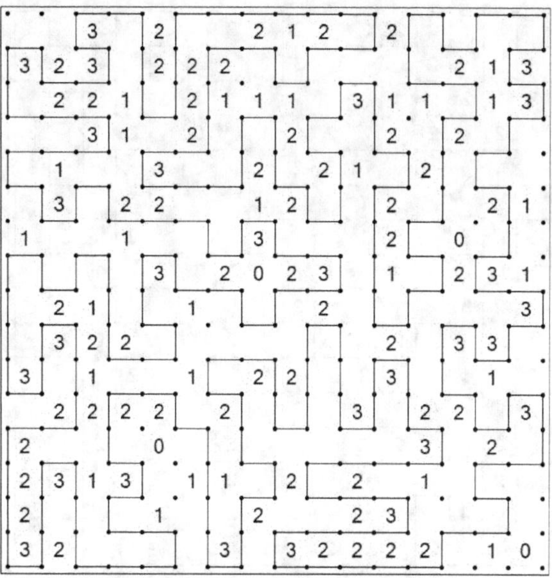

Slitherlink 50 solution

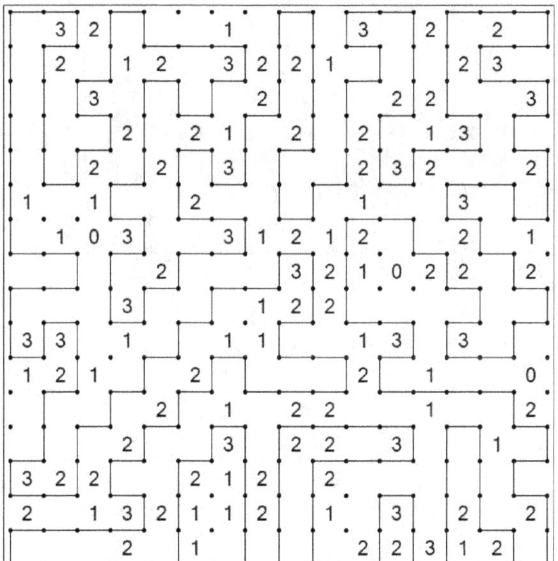

Slitherlink 51 solution

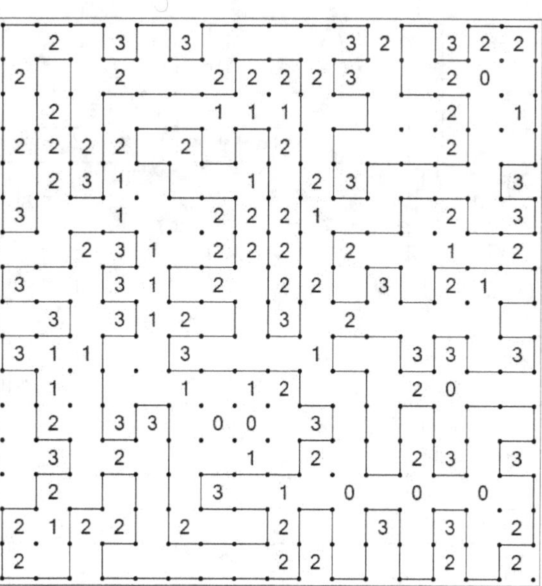

Slitherlink 52 solution

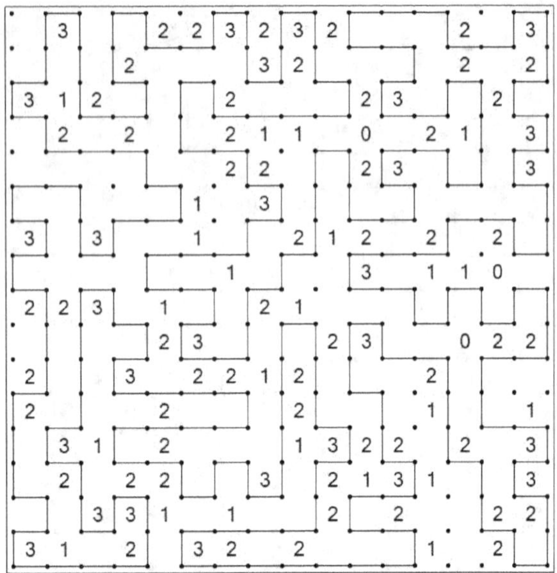

Slitherlink 53 solution

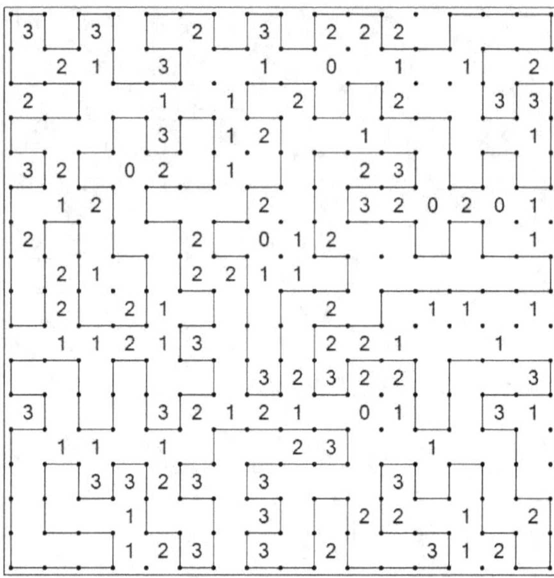

Slitherlink 54 solution

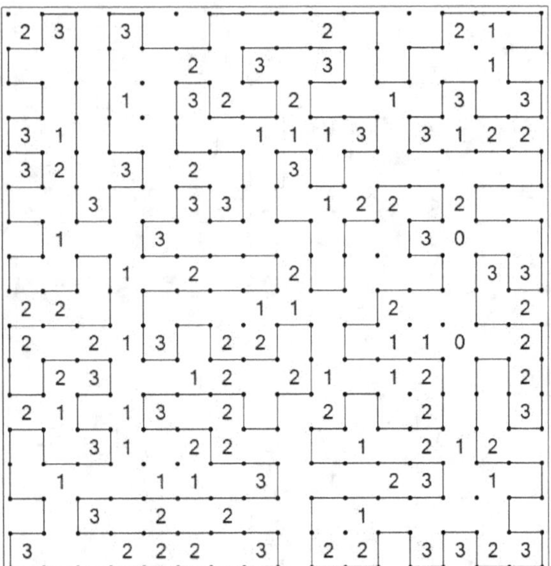

Slitherlink 55 solution

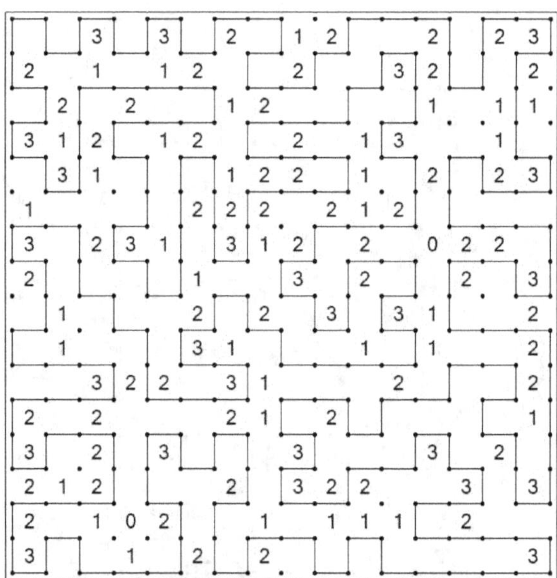

Slitherlink 56 solution

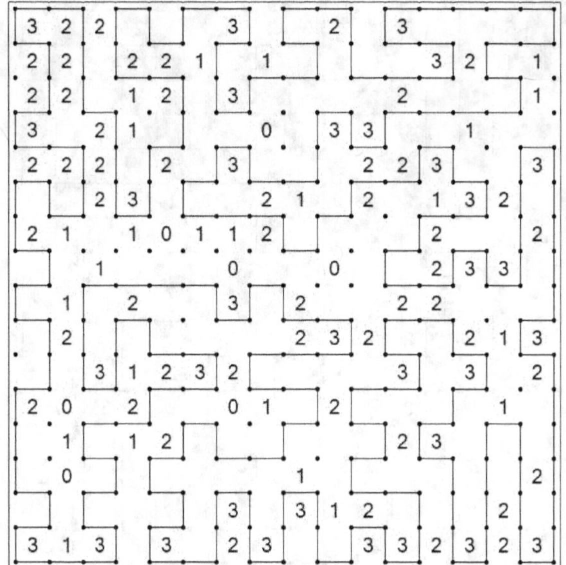

Slitherlink 57 solution

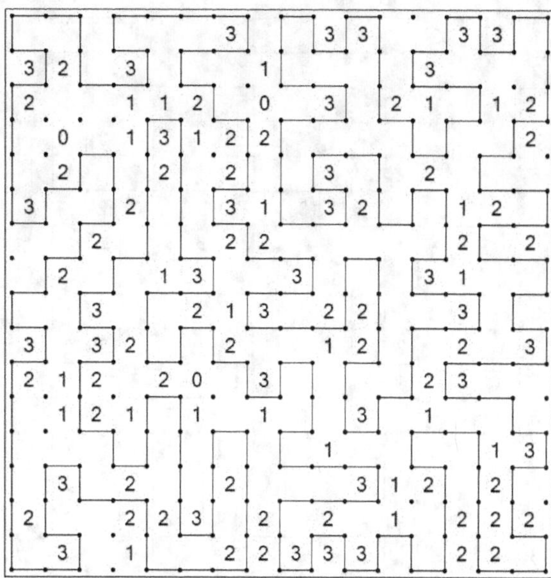

Slitherlink 58 solution

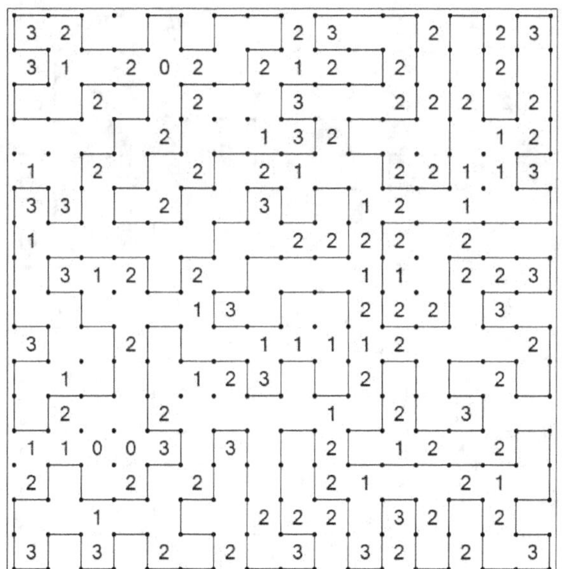

Slitherlink 59 solution

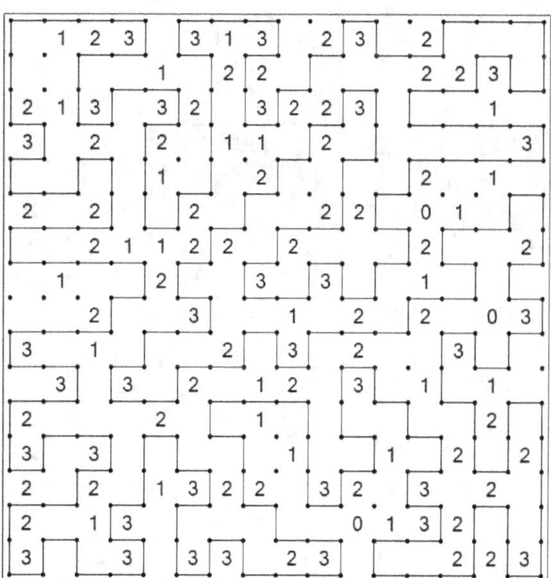

Slitherlink 60 solution

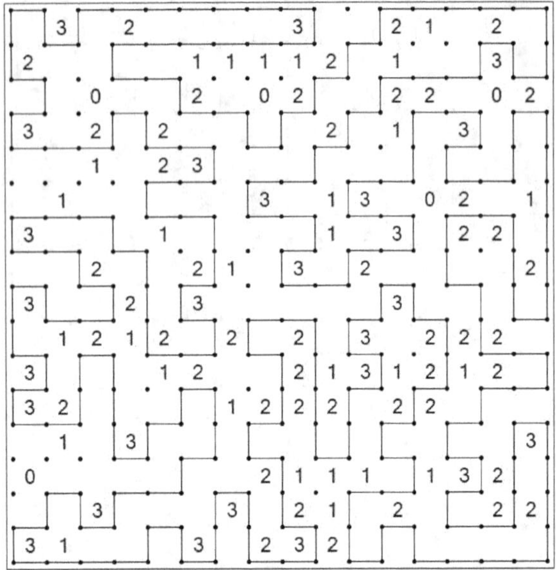

Slitherlink 61 solution

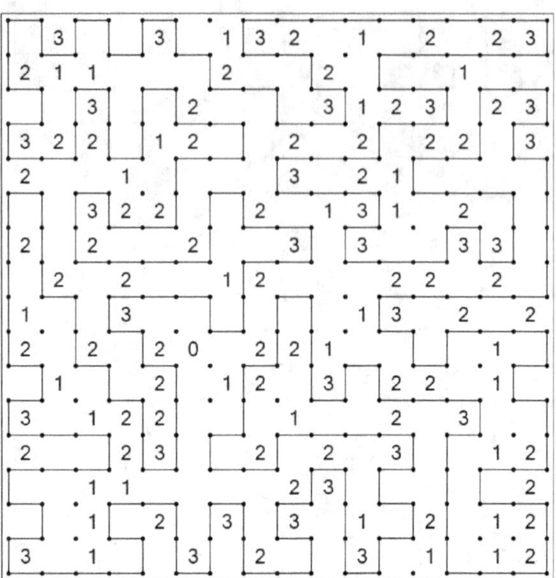

Slitherlink 62 solution

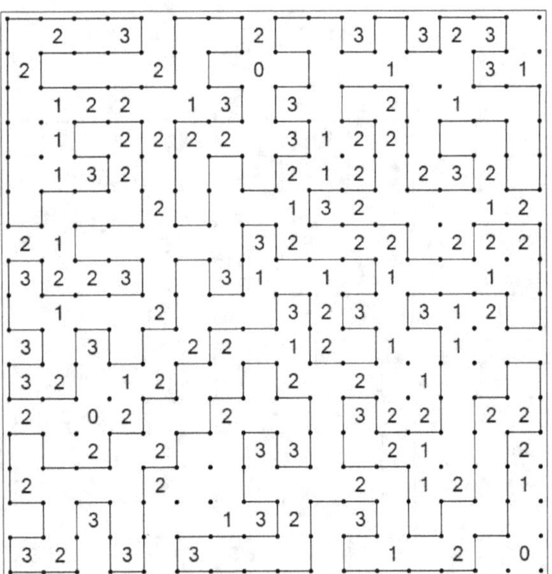

Slitherlink 63 solution

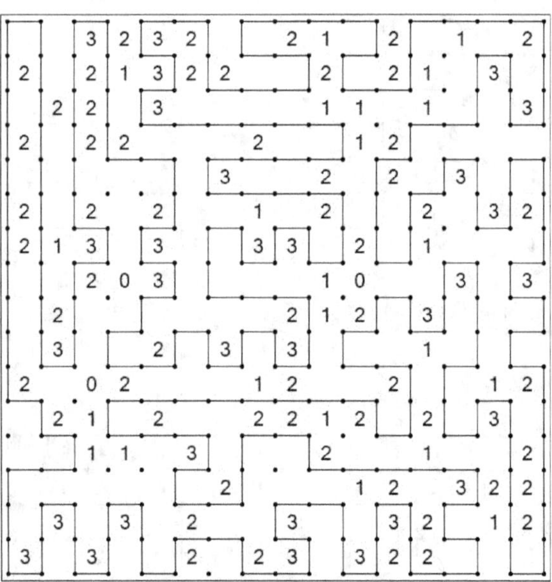

Slitherlink 64 solution

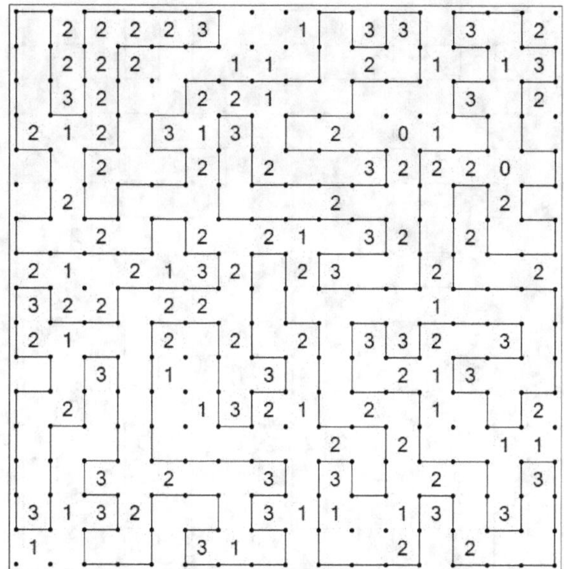

Slitherlink 65 solution

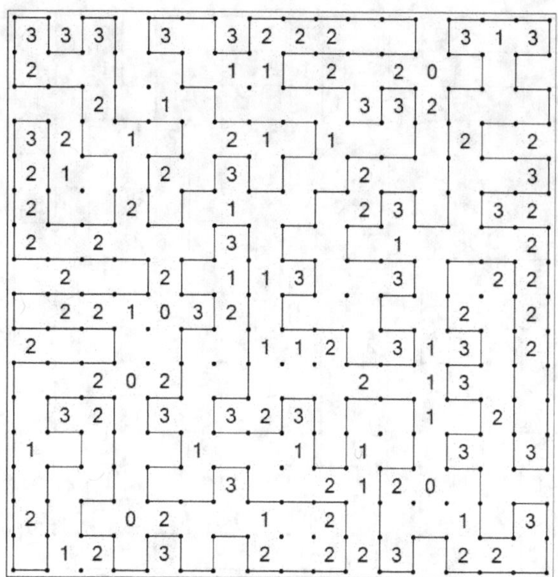

Slitherlink 66 solution

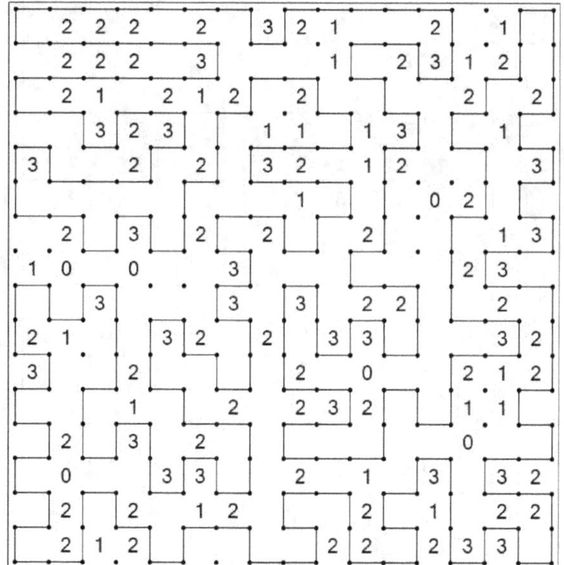

Slitherlink 67 solution

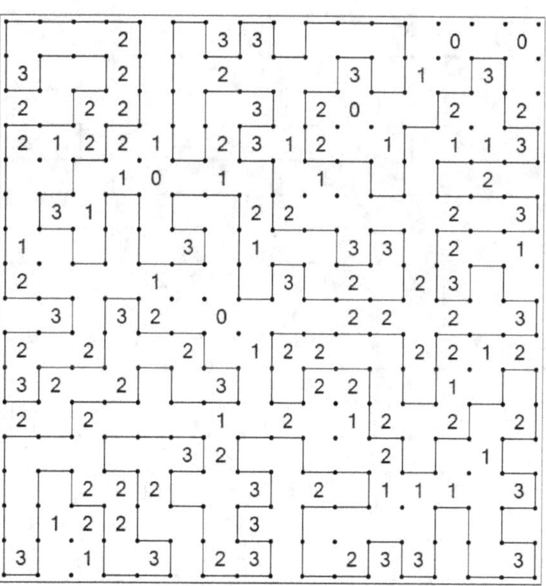

Slitherlink 68 solution

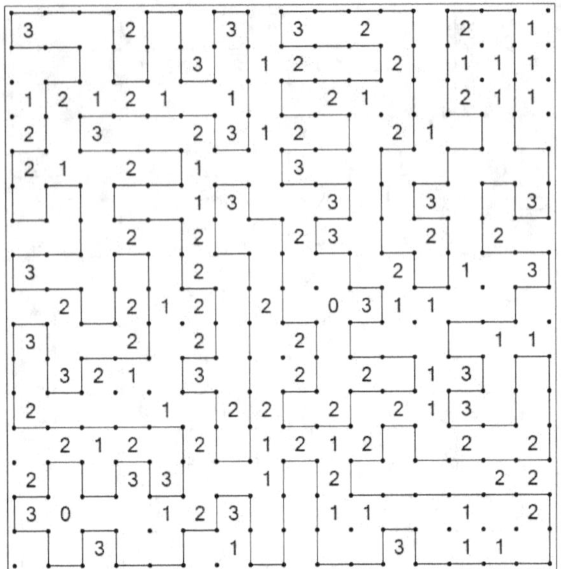

Slitherlink 69 solution

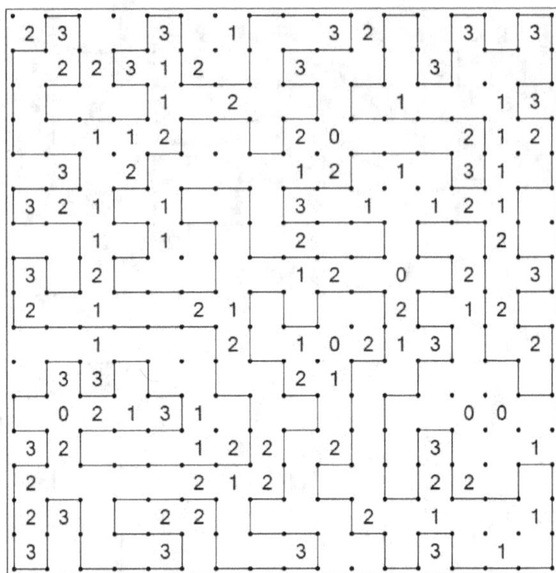

Slitherlink 70 solution

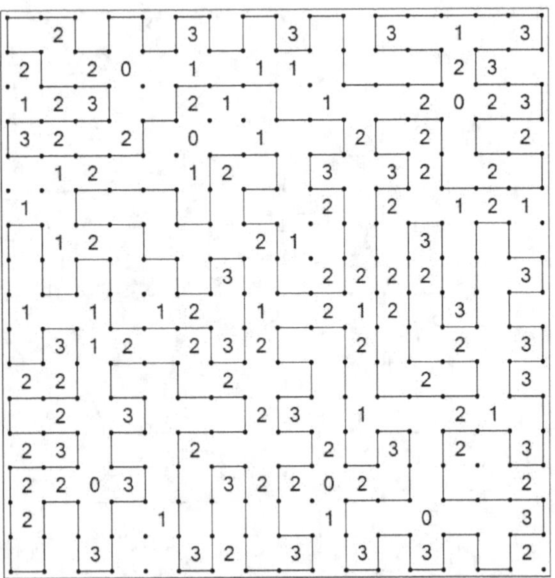

Slitherlink 71 solution

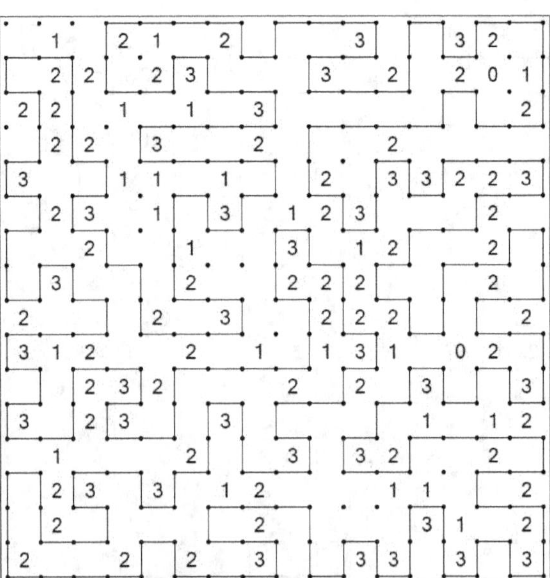

Slitherlink 72 solution

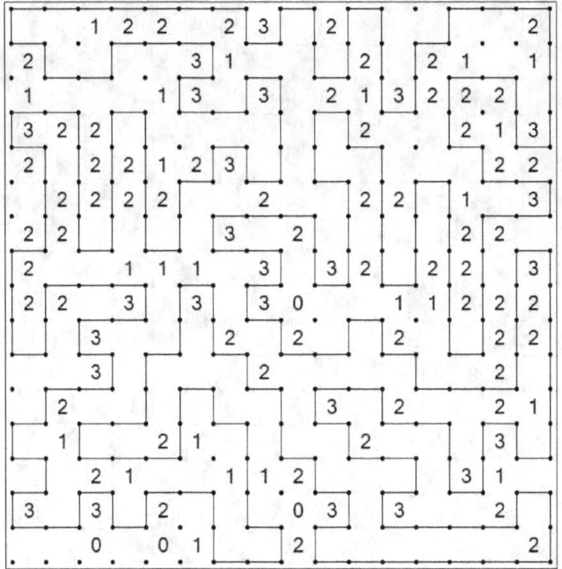

Slitherlink 73 solution

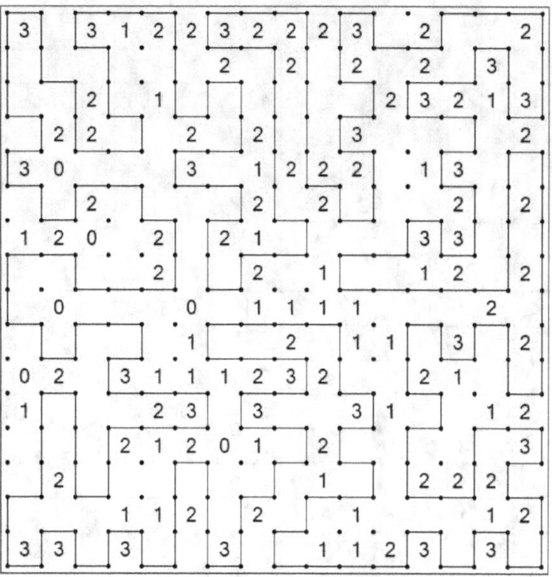

Slitherlink 74 solution

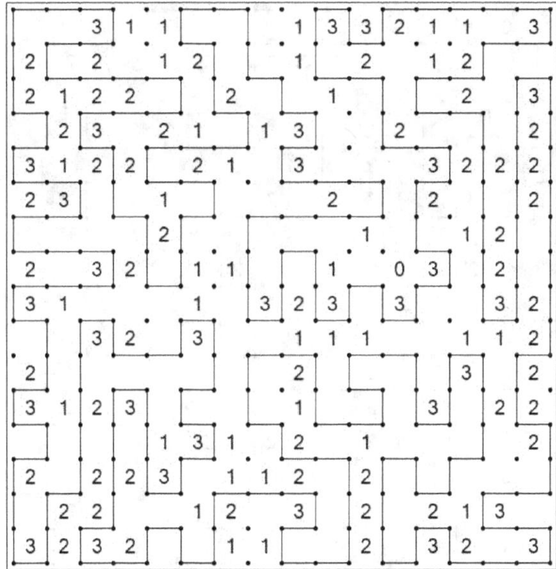

Slitherlink 75 solution

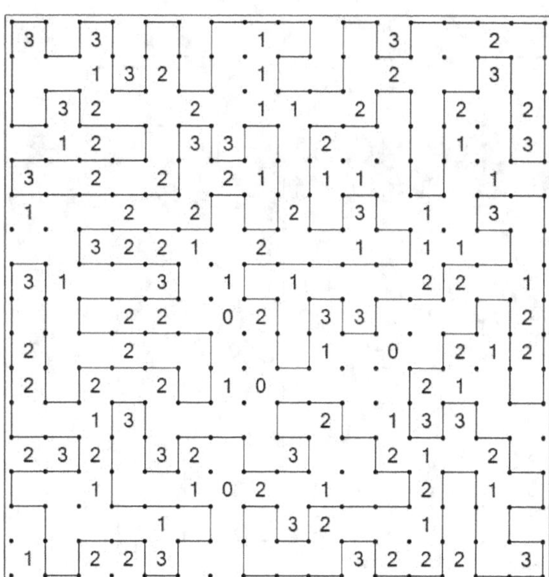

Slitherlink 76 solution

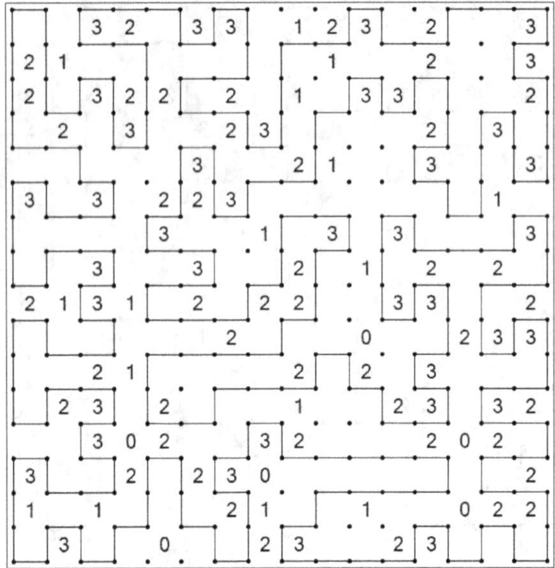

Slitherlink 77 solution

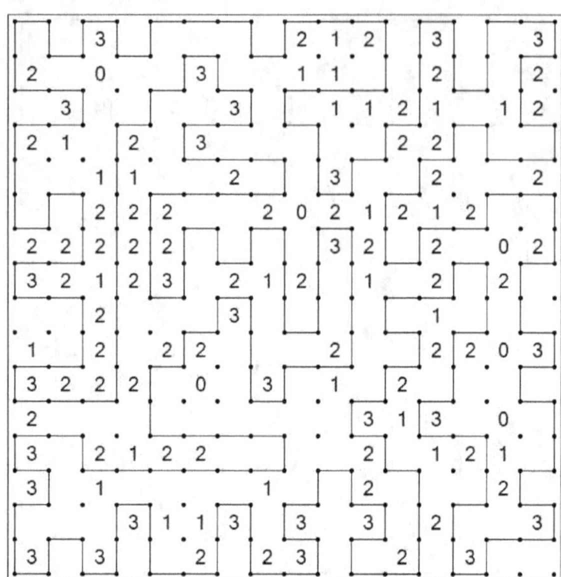

Slitherlink 78 solution

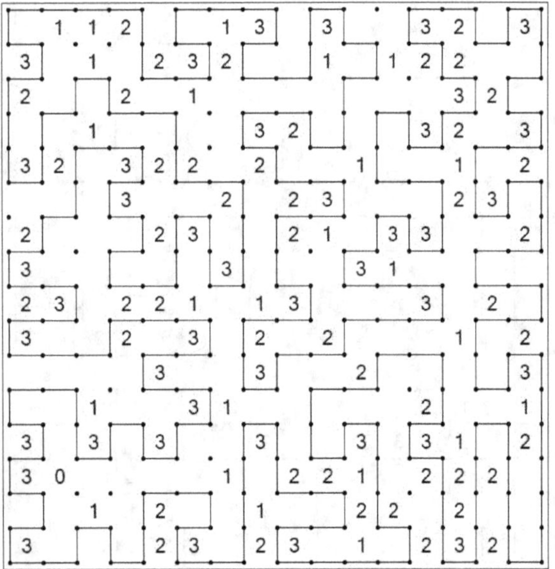

Slitherlink 79 solution

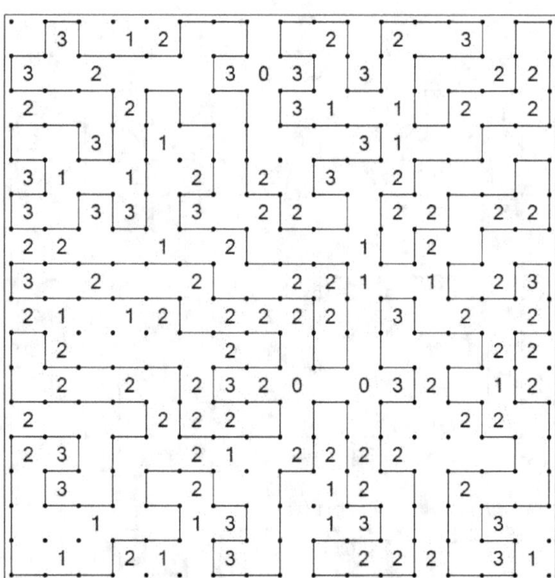

Slitherlink 80 solution

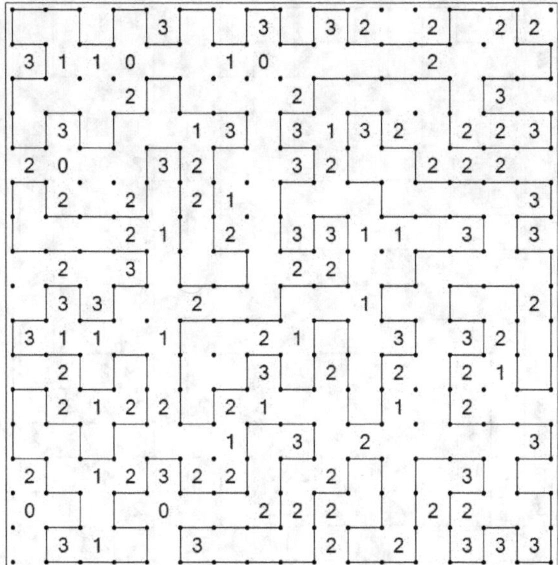

Slitherlink 81 solution

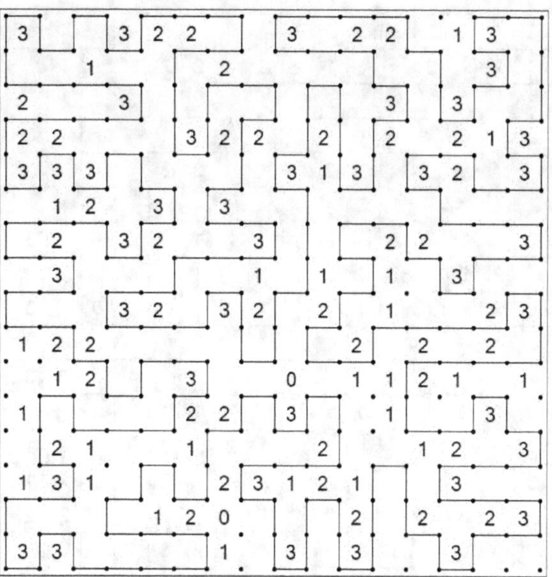

Slitherlink 82 solution

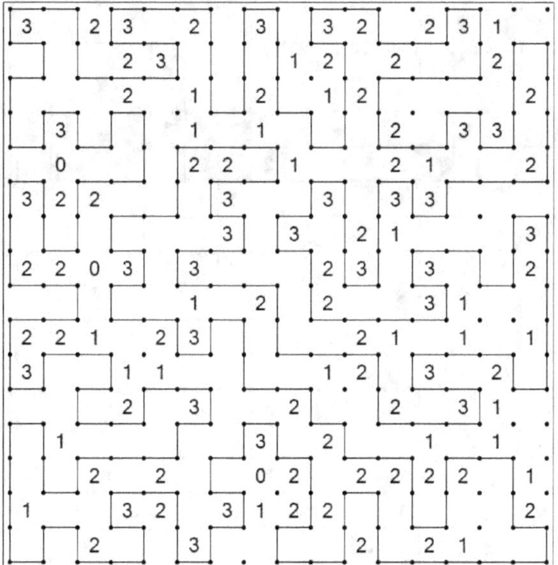

Slitherlink 83 solution

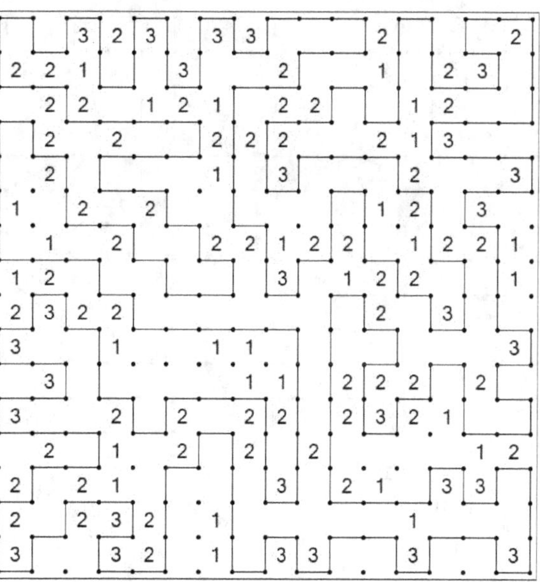

Slitherlink 84 solution

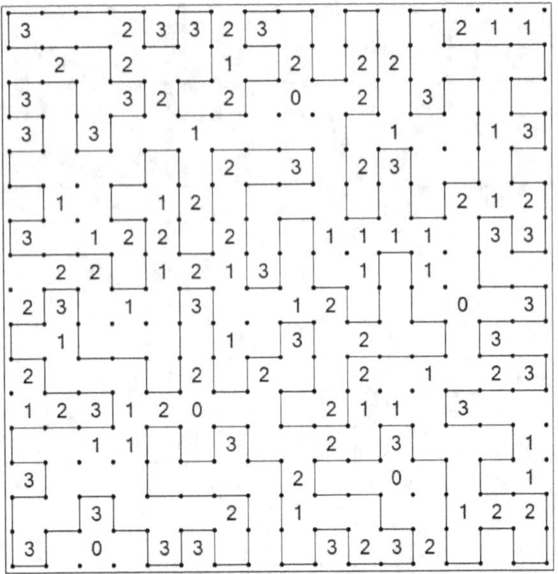

Slitherlink 85 solution

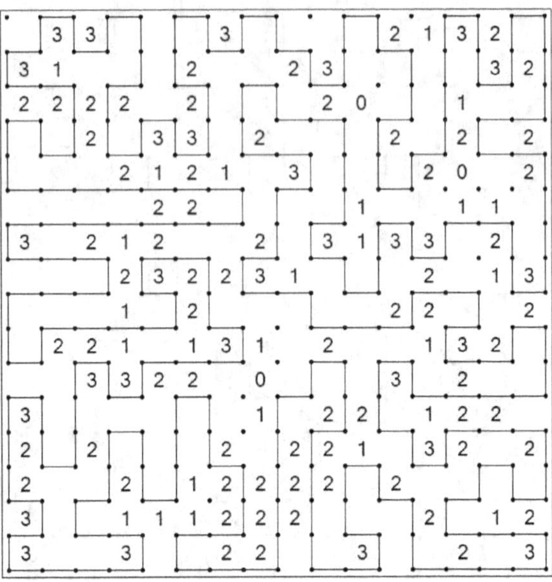

Slitherlink 86 solution

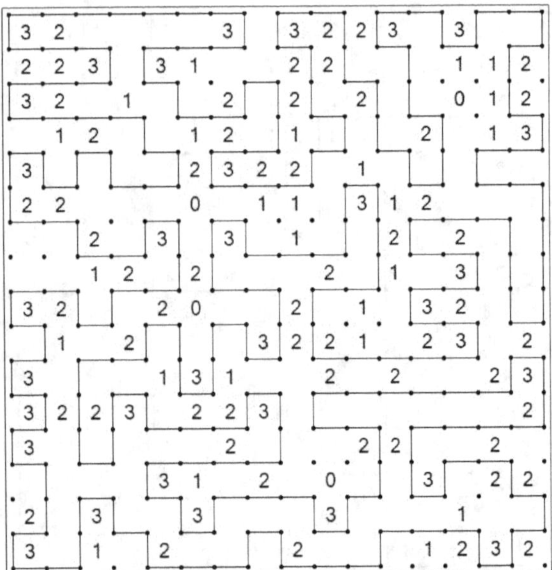

Slitherlink 87 solution

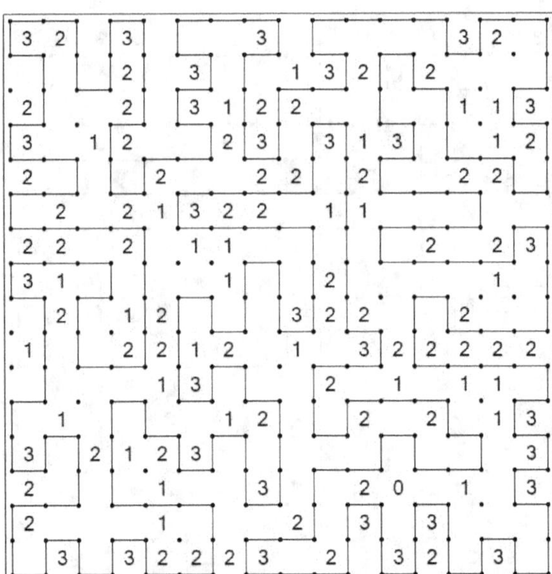

Slitherlink 88 solution

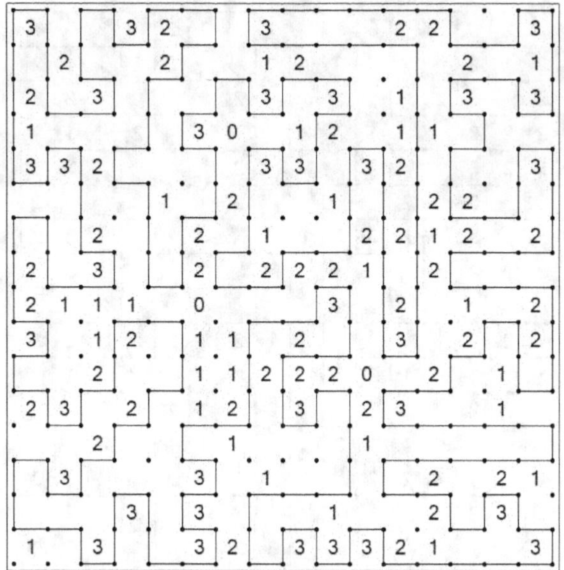

Slitherlink 89 solution

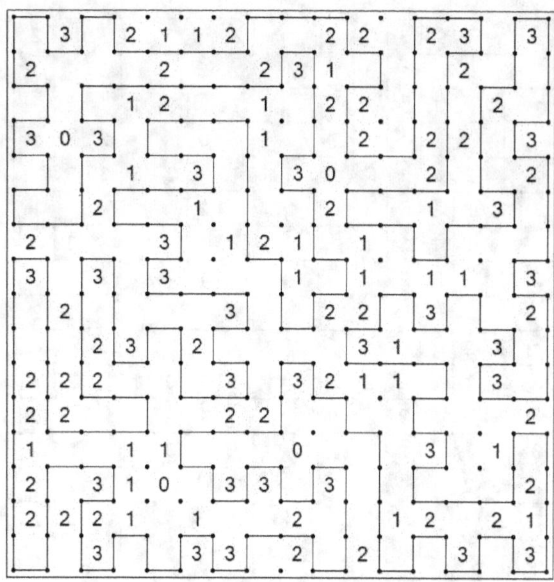

Slitherlink 90 solution

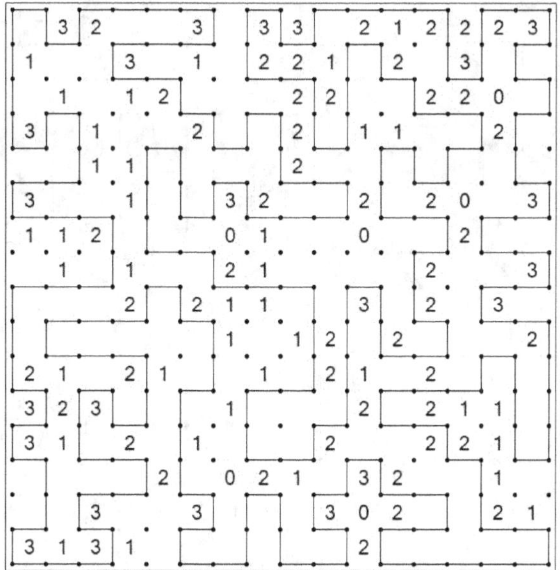

Slitherlink 91 solution

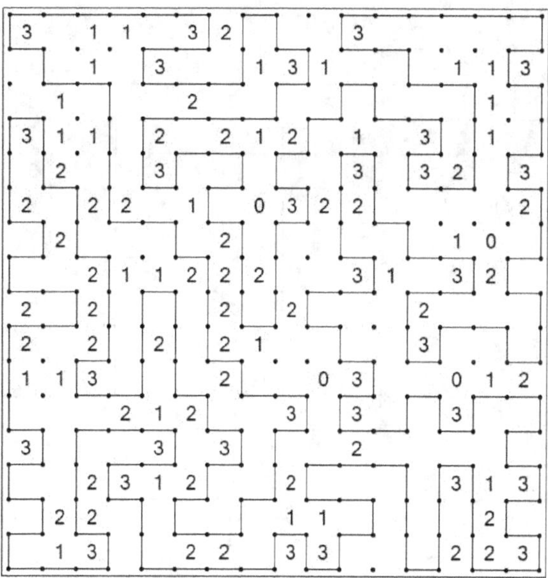

Slitherlink 92 solution

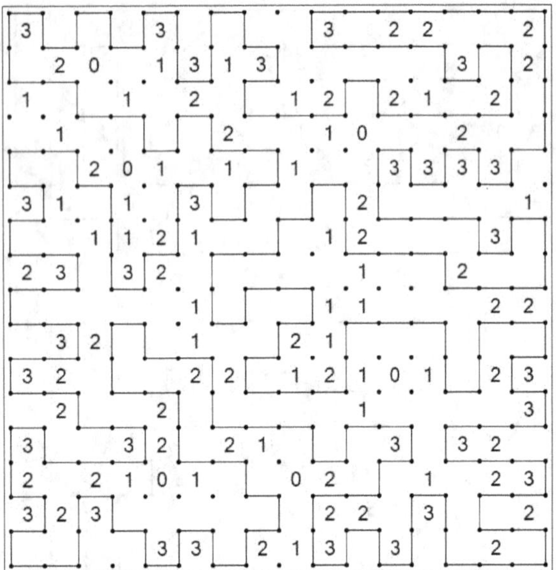

Slitherlink 93 solution

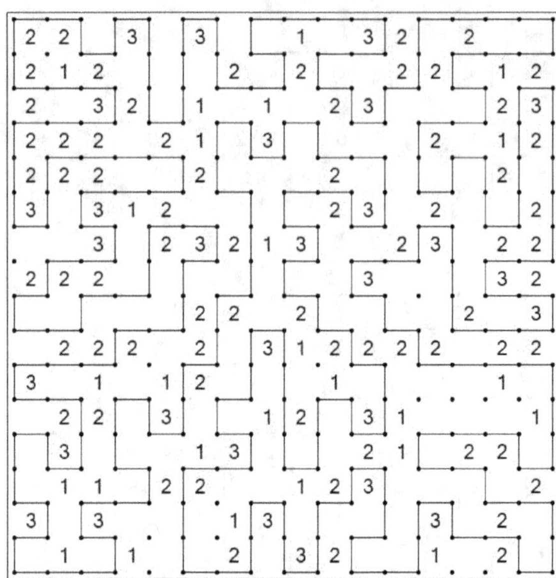

Slitherlink 94 solution

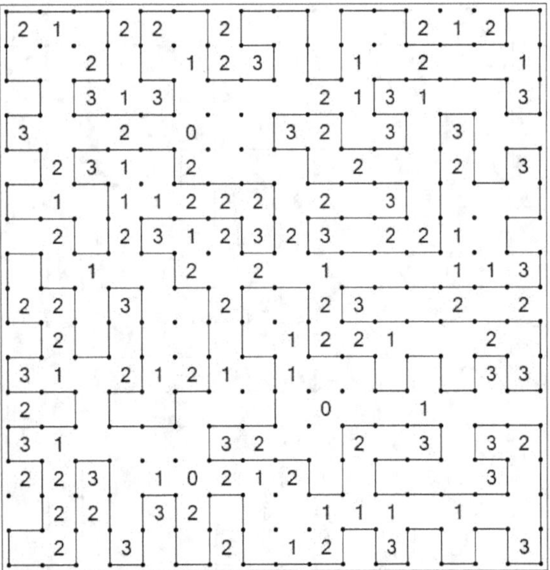

Slitherlink 95 solution

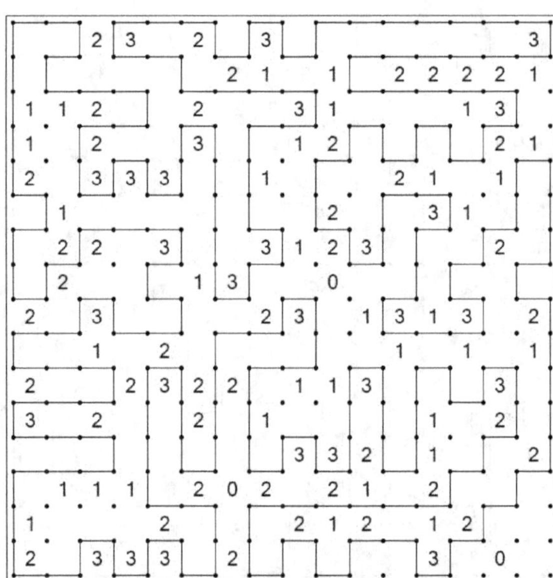

Slitherlink 96 solution

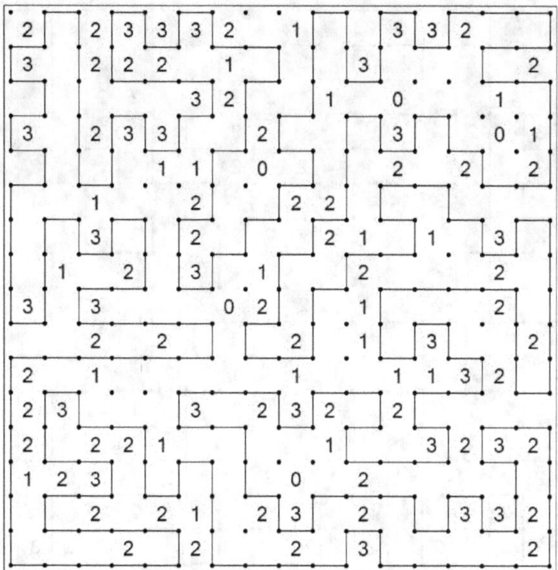

Slitherlink 97 solution

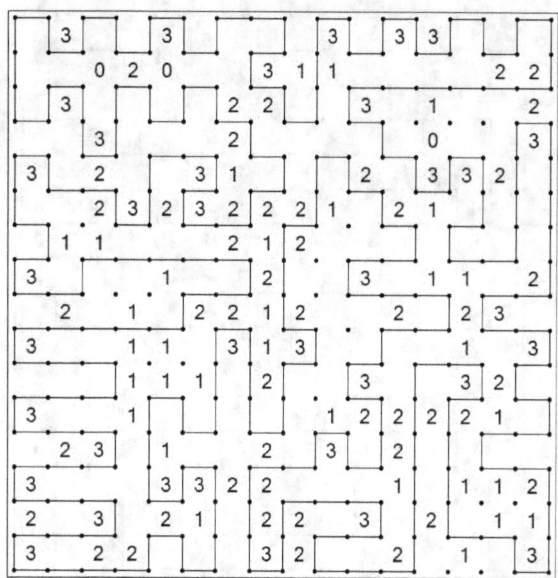

Slitherlink 98 solution

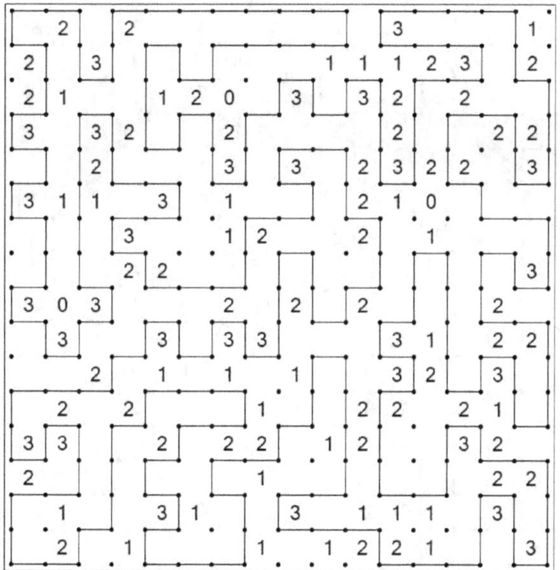

Slitherlink 99 solution

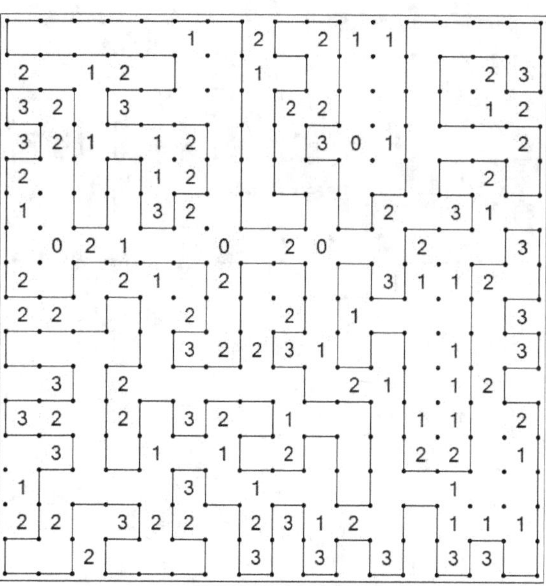

Slitherlink 100 solution

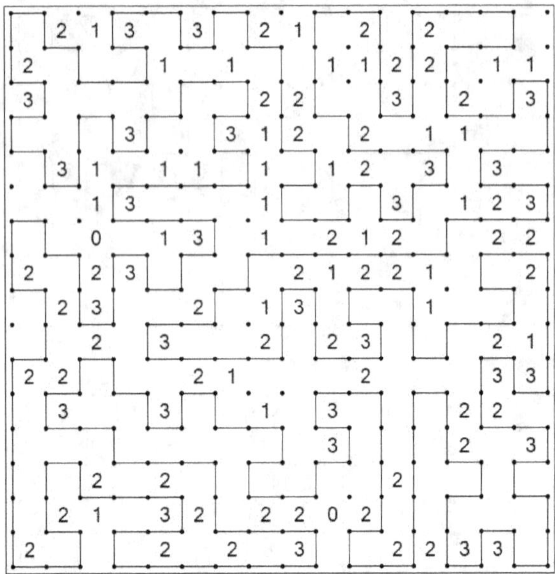

Slitherlink 101 solution

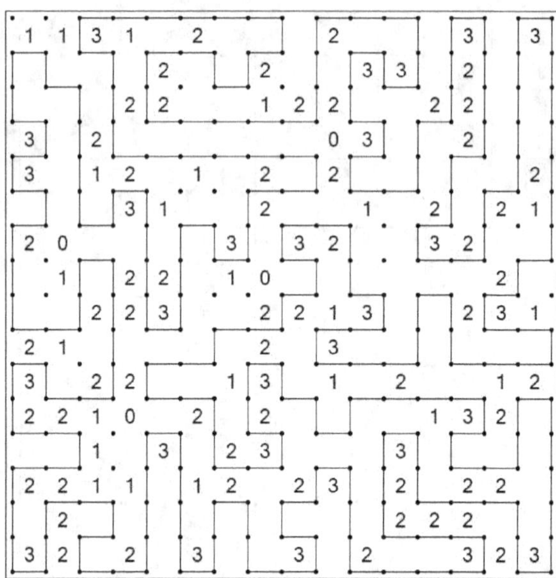

Slitherlink 102 solution

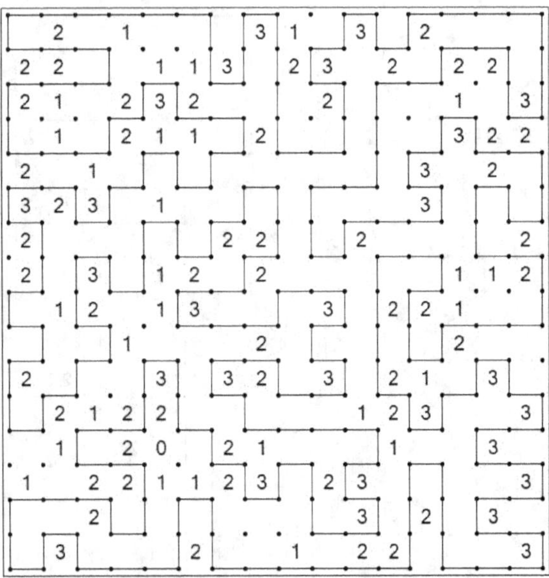

Slitherlink 103 solution

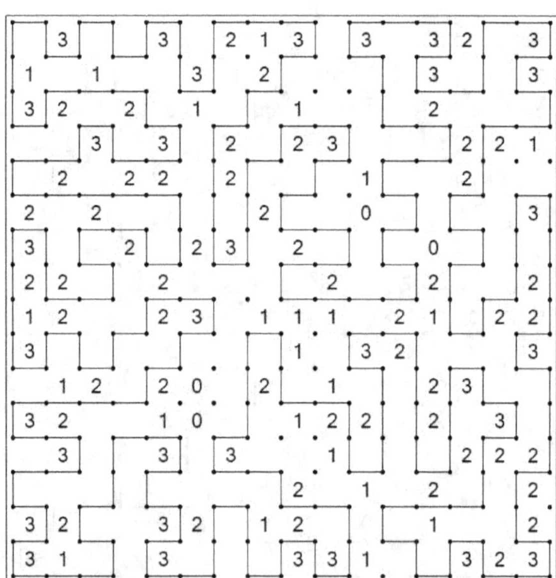

Slitherlink 104 solution

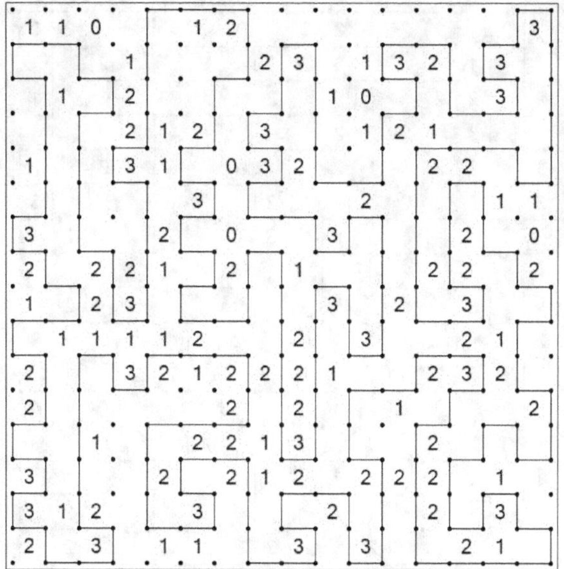

Slitherlink 105 solution

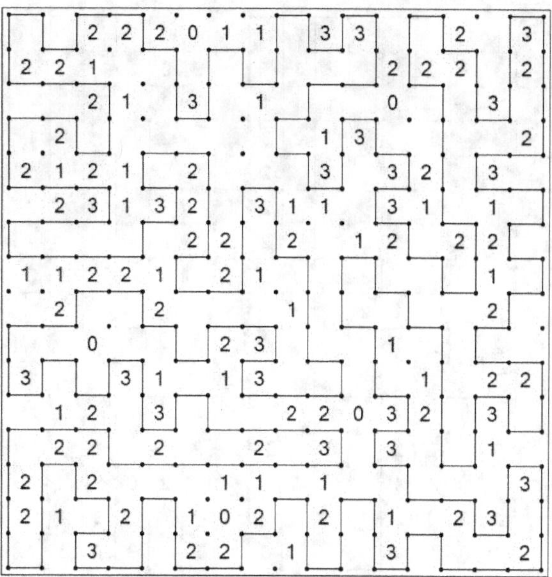

Slitherlink 106 solution

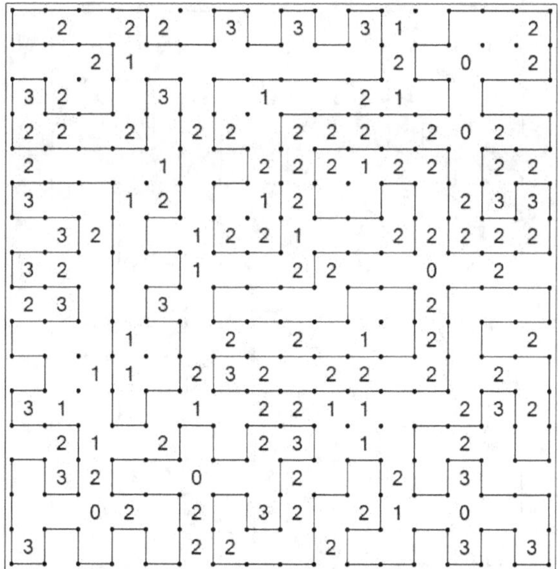

Slitherlink 107 solution

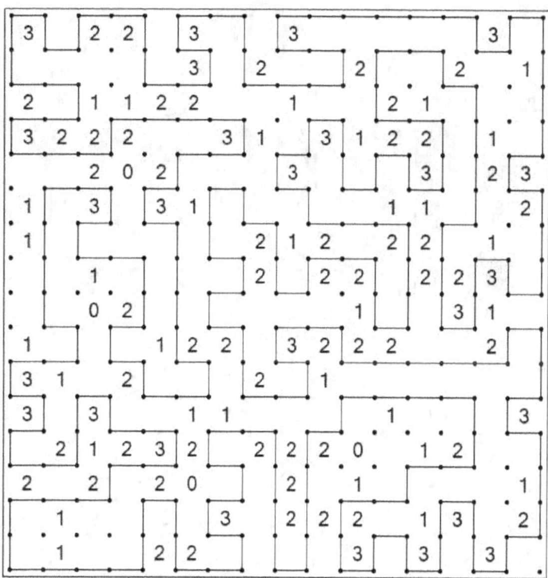

Slitherlink 108 solution

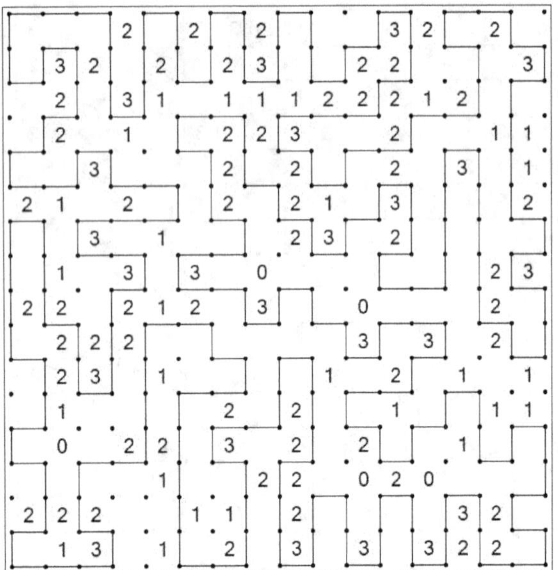

Slitherlink 109 solution

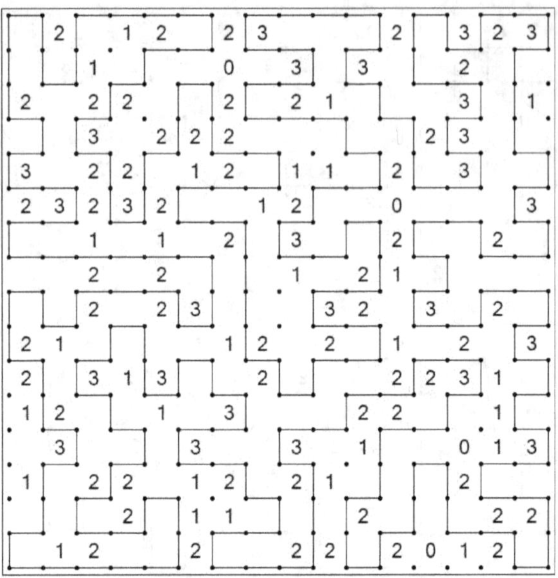

Slitherlink 110 solution

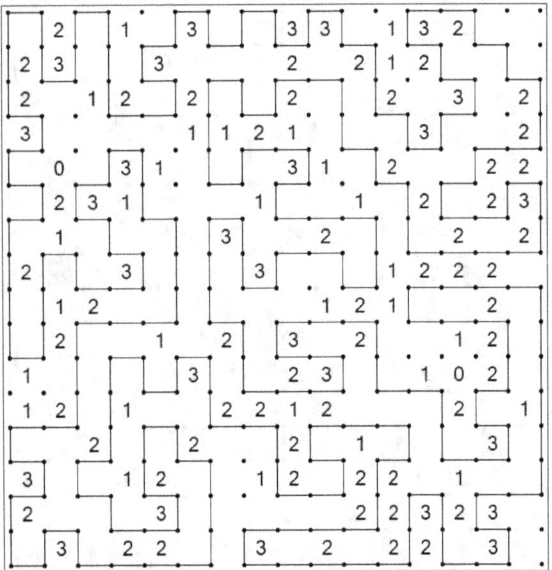

Slitherlink 111 solution

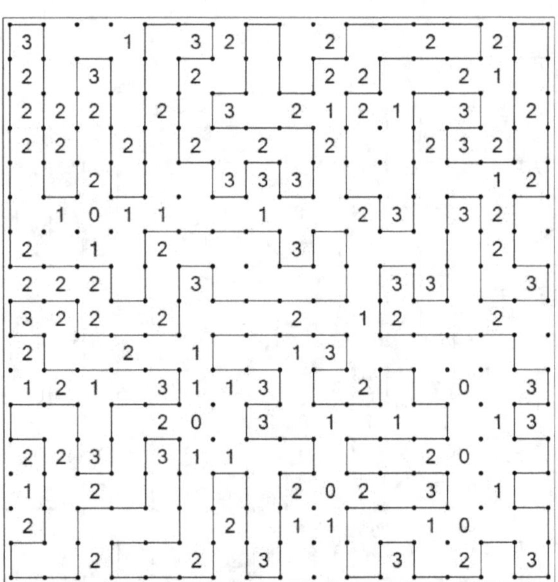

Slitherlink 112 solution

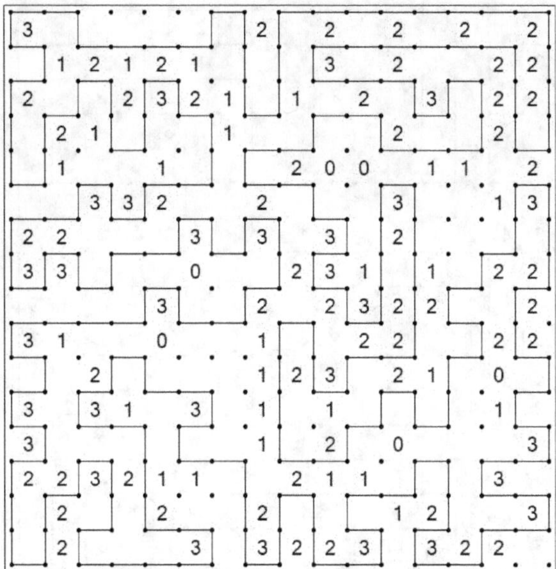

Slitherlink 113 solution

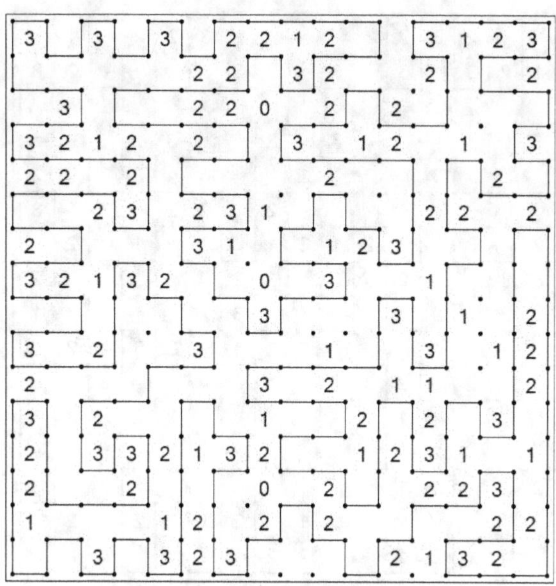

Slitherlink 114 solution

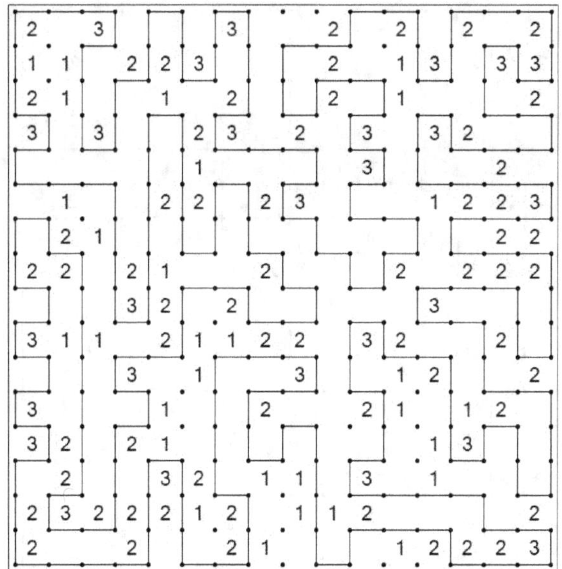

Slitherlink 115 solution

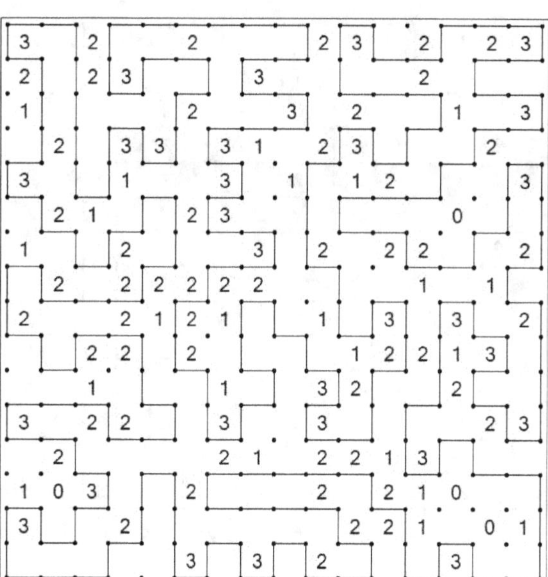

Slitherlink 116 solution

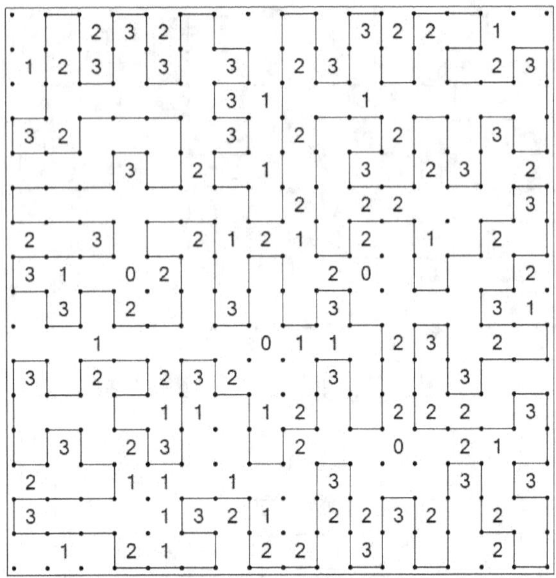

Slitherlink 117 solution

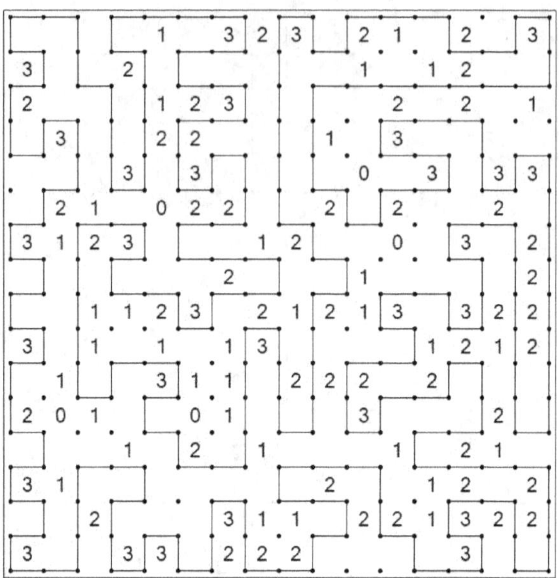

Slitherlink 118 solution

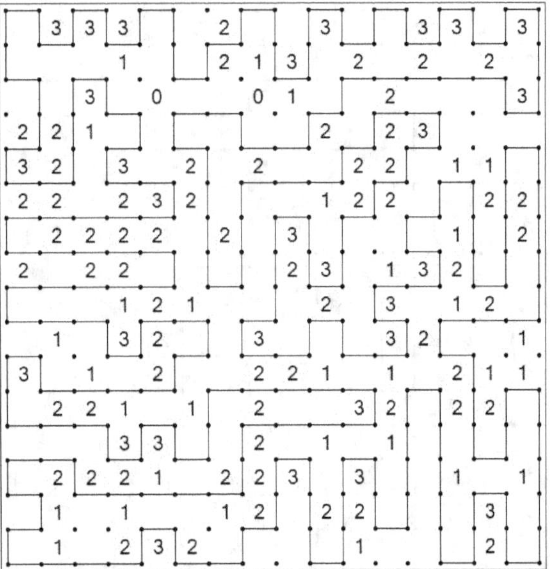

Slitherlink 119 solution

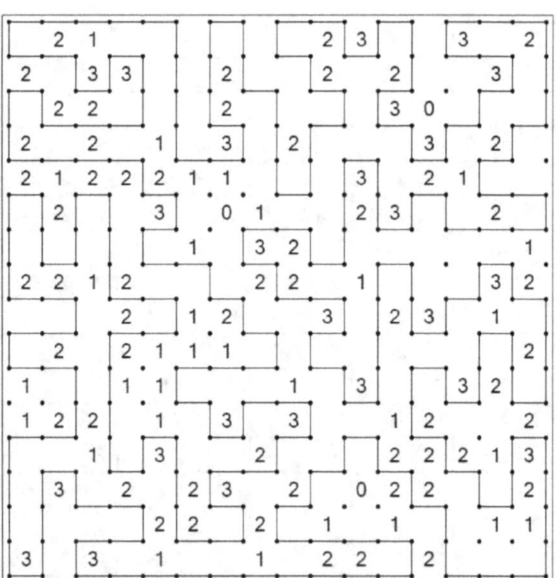

Slitherlink 120 solution

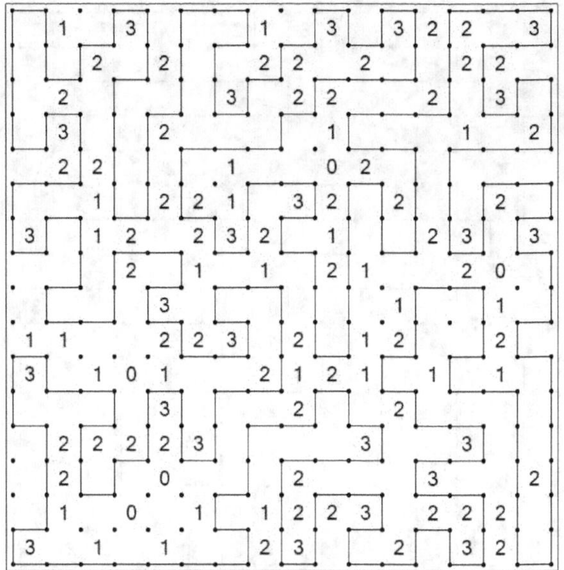

Slitherlink 121 solution

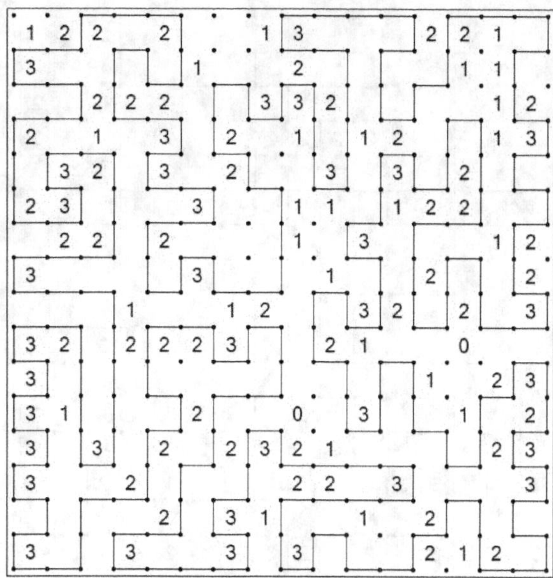

Slitherlink 122 solution

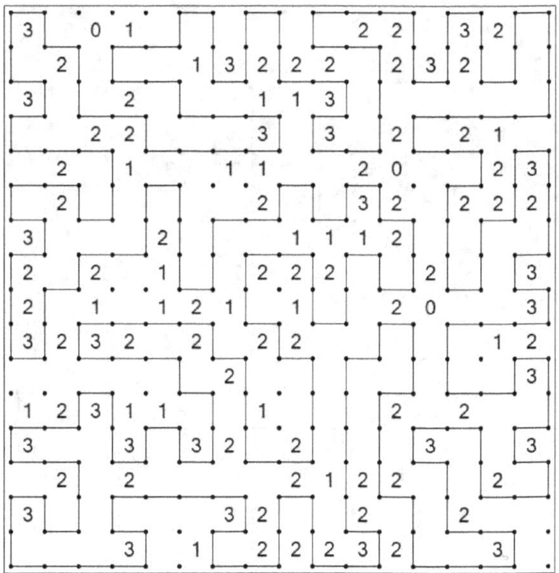

Slitherlink 123 solution

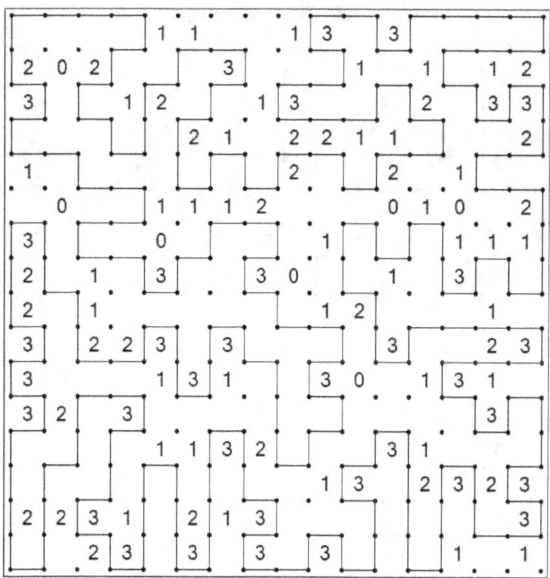

Slitherlink 124 solution

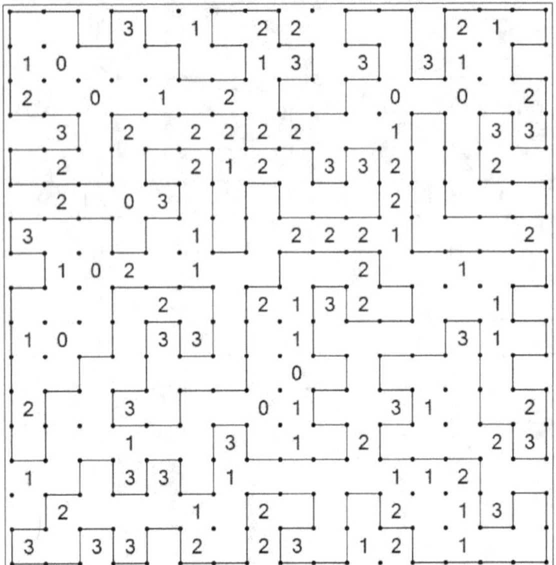

Slitherlink 125 solution

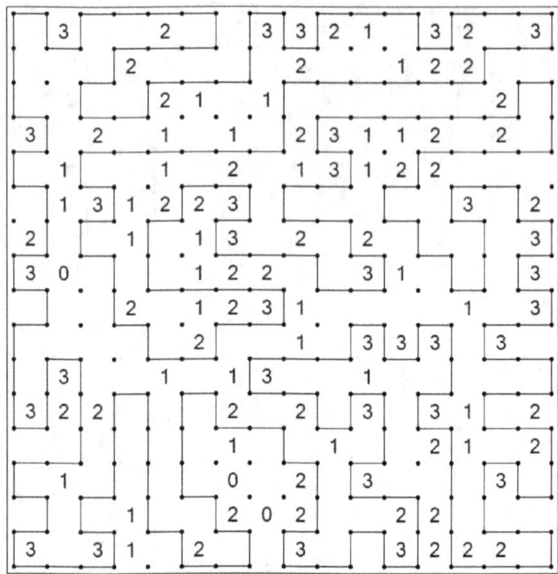

Slitherlink 126 solution

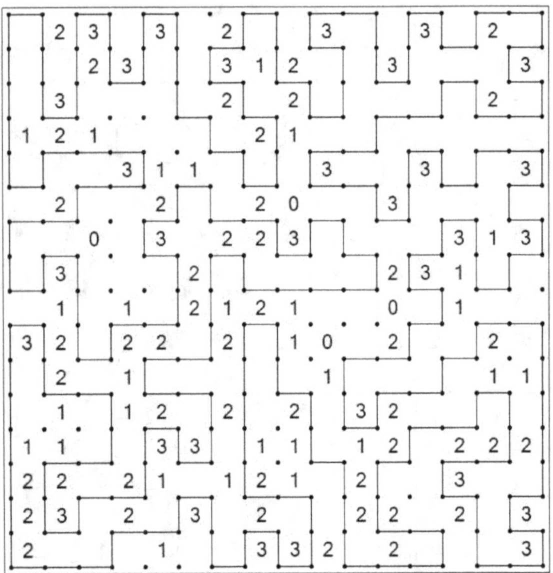

Slitherlink 127 solution

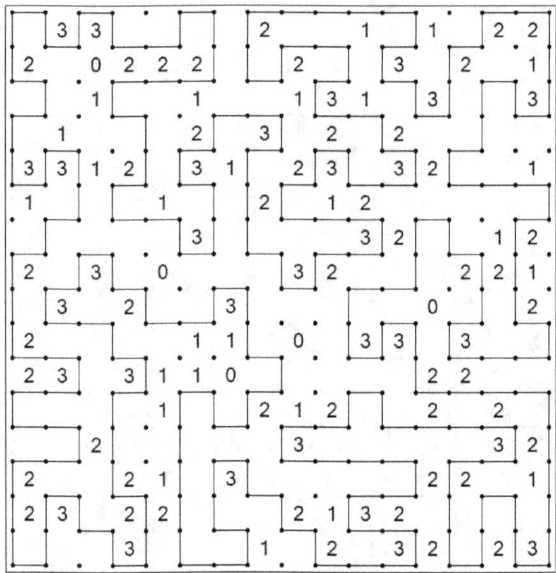

Slitherlink 128 solution

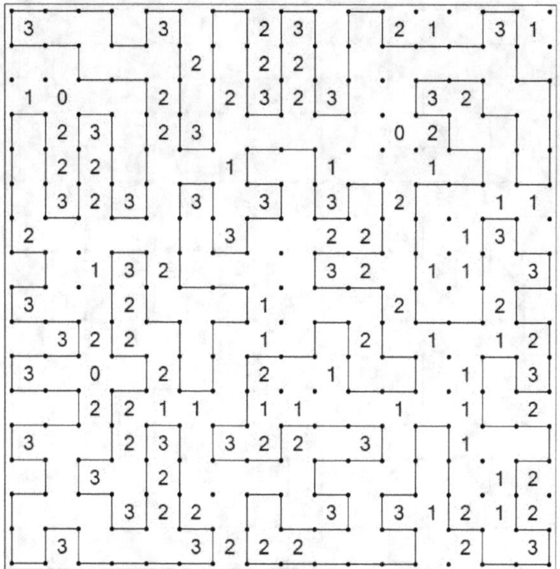

Slitherlink 129 solution

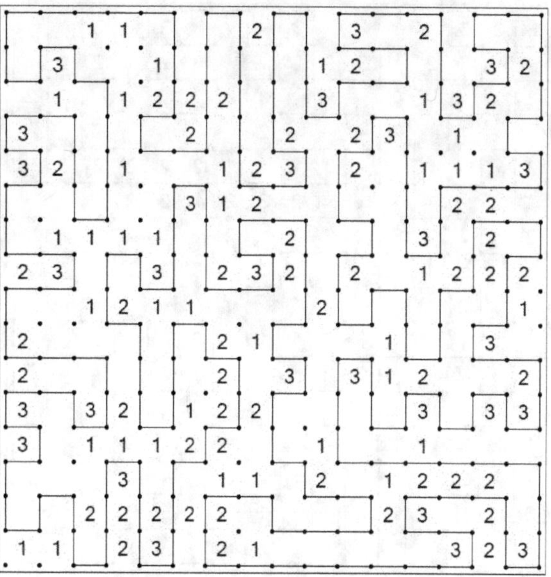

Slitherlink 130 solution

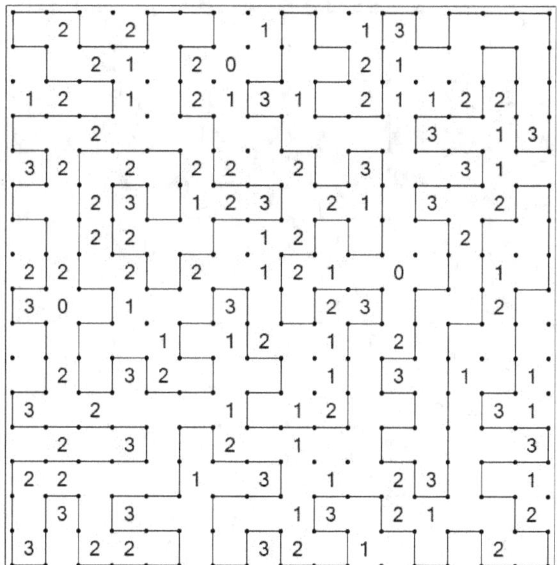

Slitherlink 131 solution

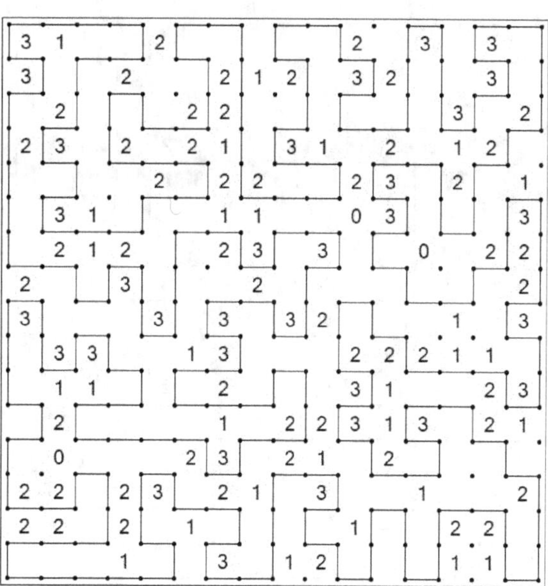

Slitherlink 132 solution

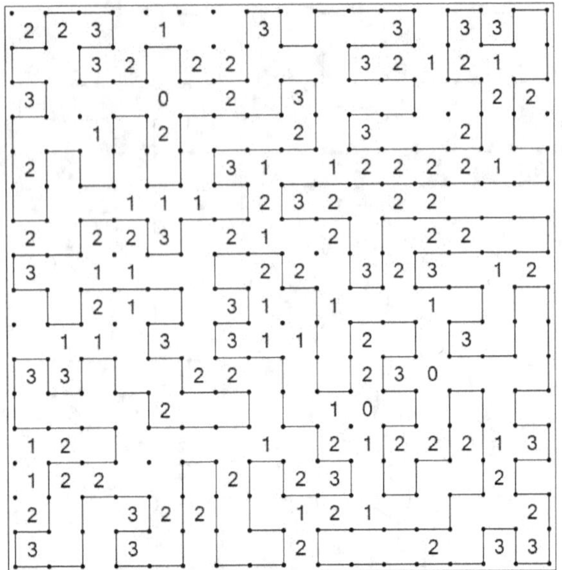

Slitherlink 133 solution

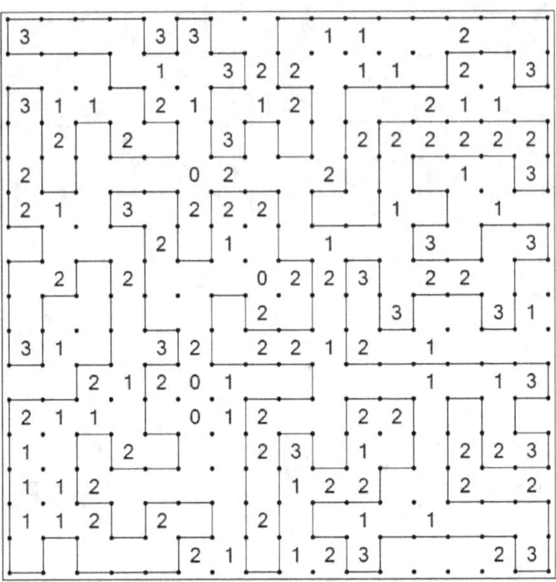

Slitherlink 134 solution

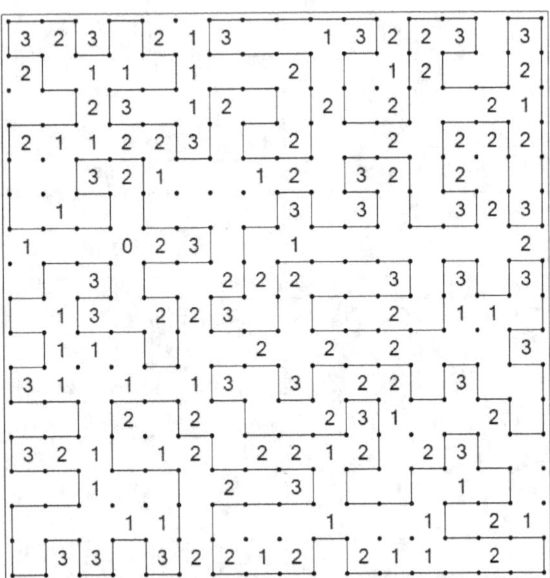

Slitherlink 135 solution

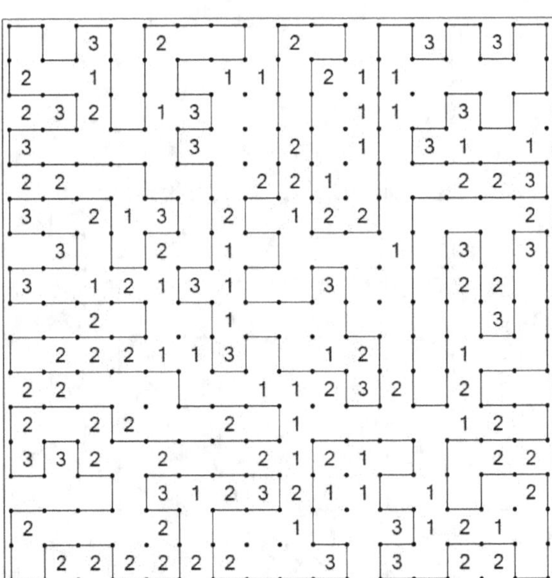

Slitherlink 136 solution

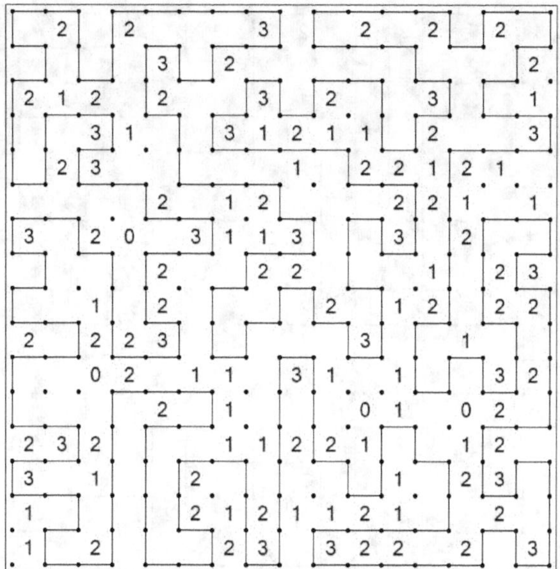

Slitherlink 137 solution

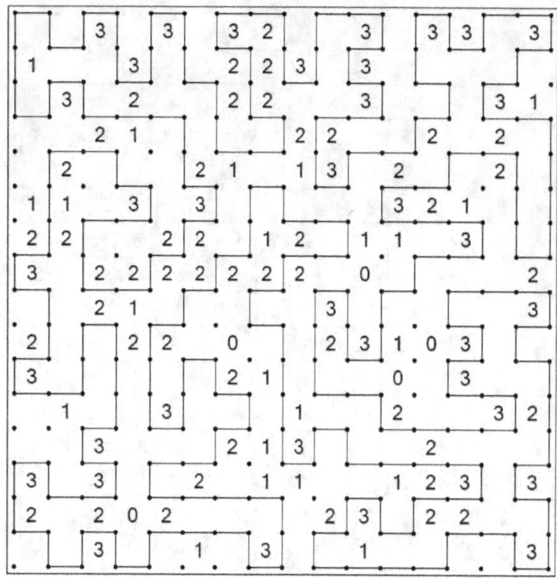

Slitherlink 138 solution

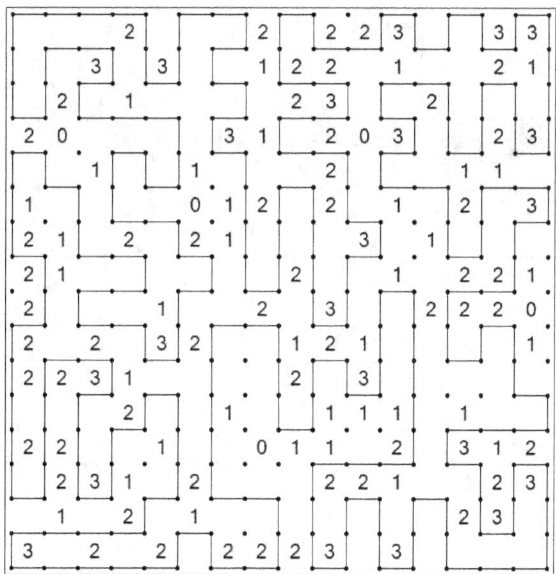

Slitherlink 139 solution

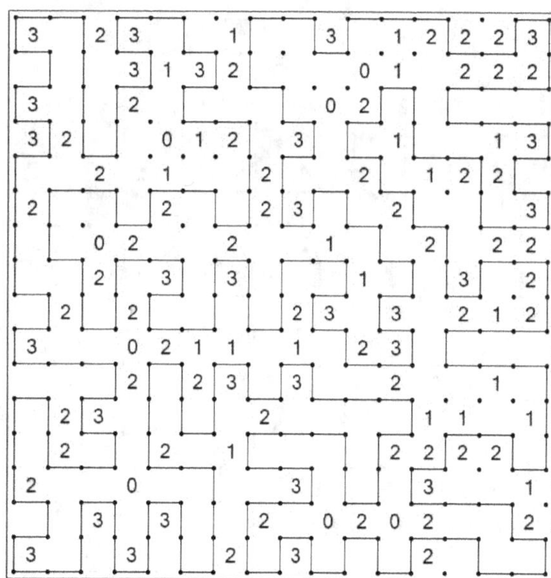

Slitherlink 140 solution

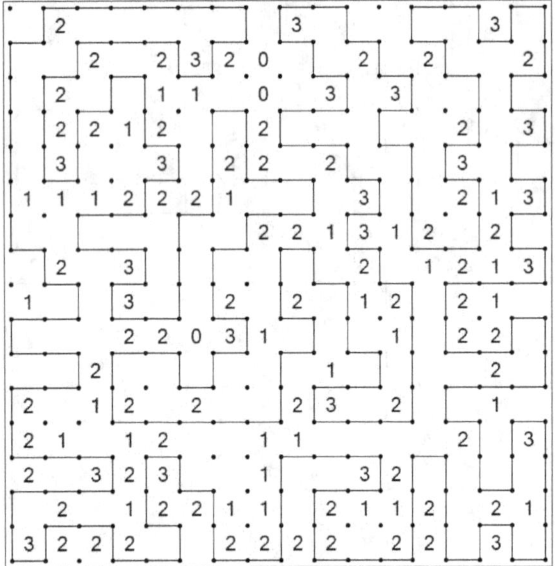

Slitherlink 141 solution

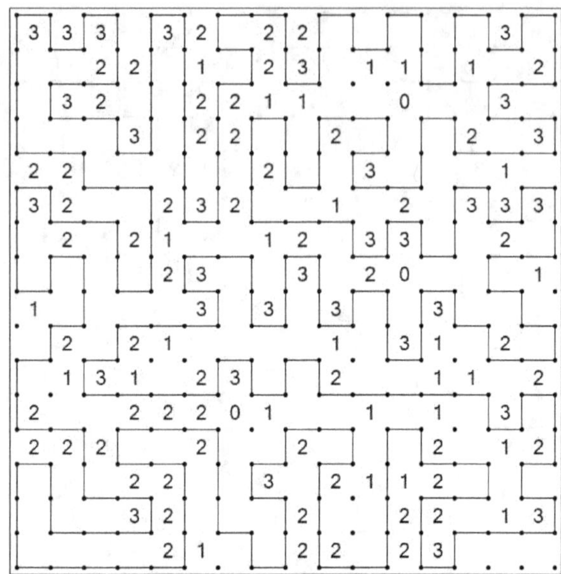

Slitherlink 142 solution

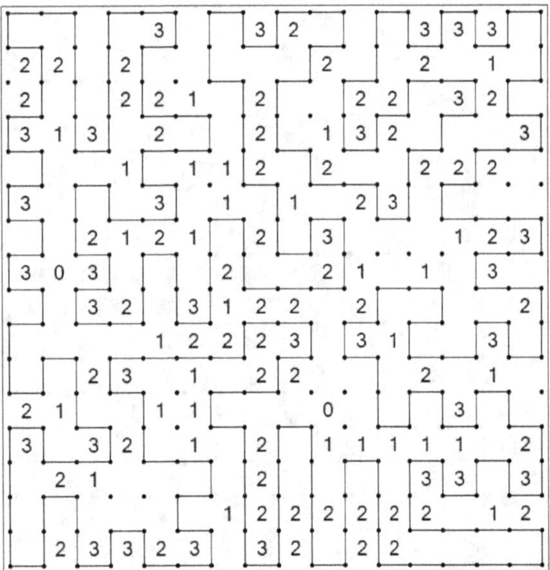

Slitherlink 143 solution

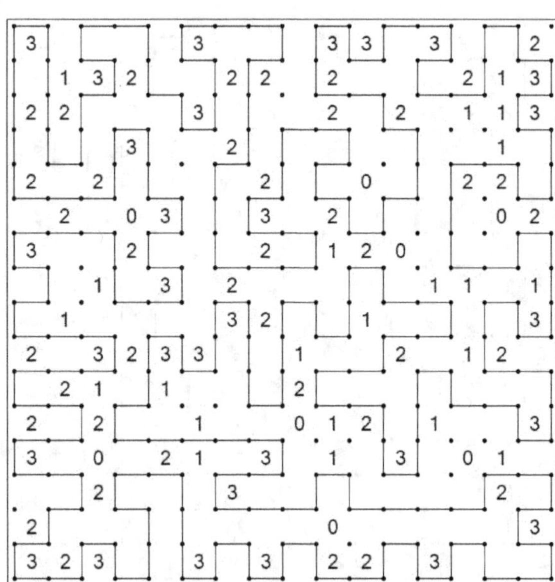

Slitherlink 144 solution

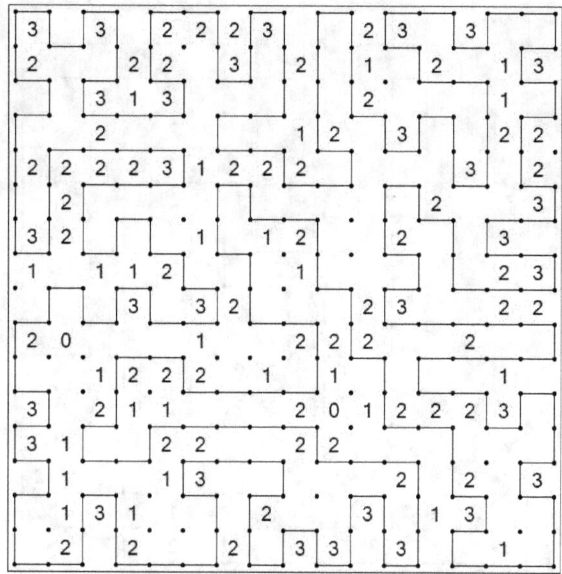

Slitherlink 145 solution

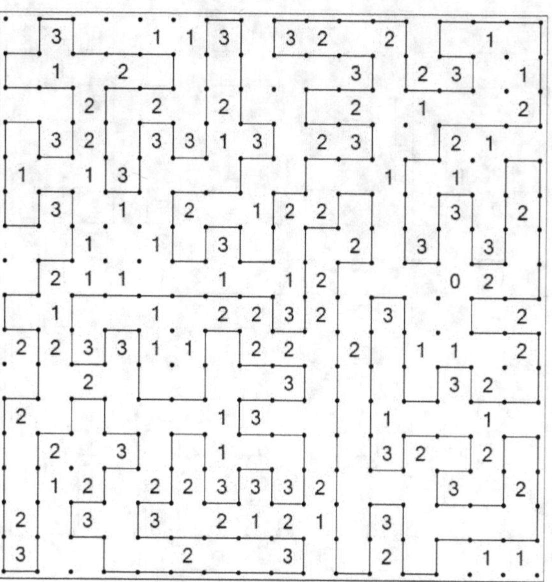

Slitherlink 146 solution

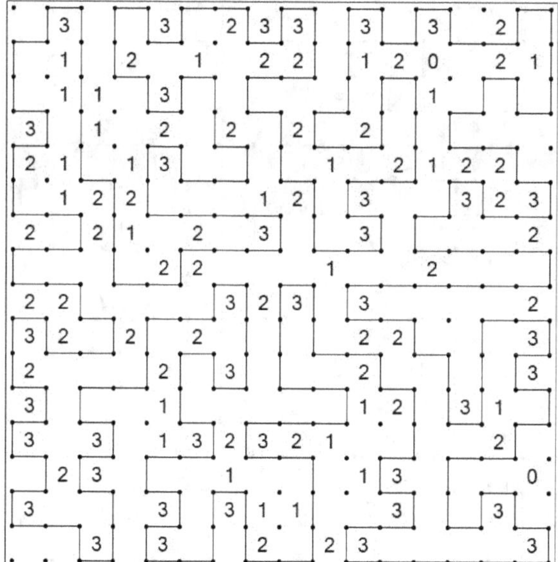

Slitherlink 147 solution

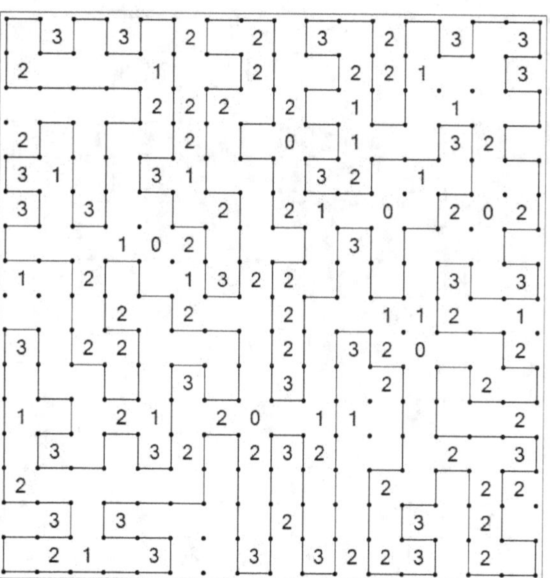

Slitherlink 148 solution

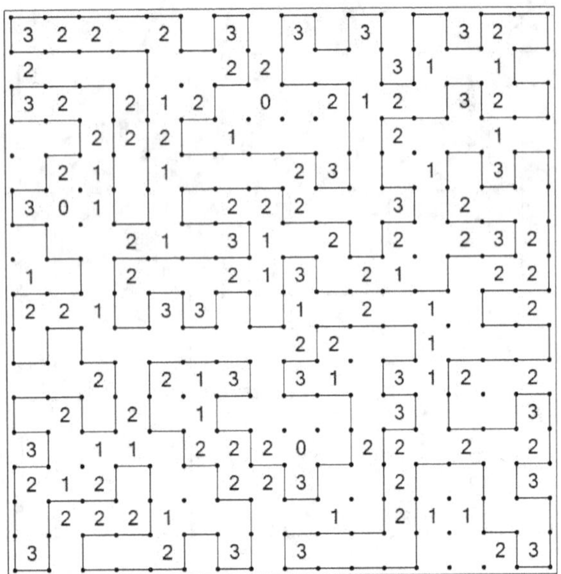

Slitherlink 149 solution

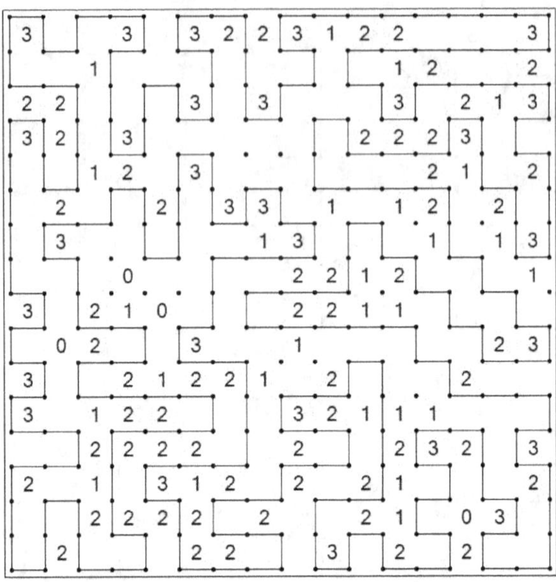

Slitherlink 150 solution

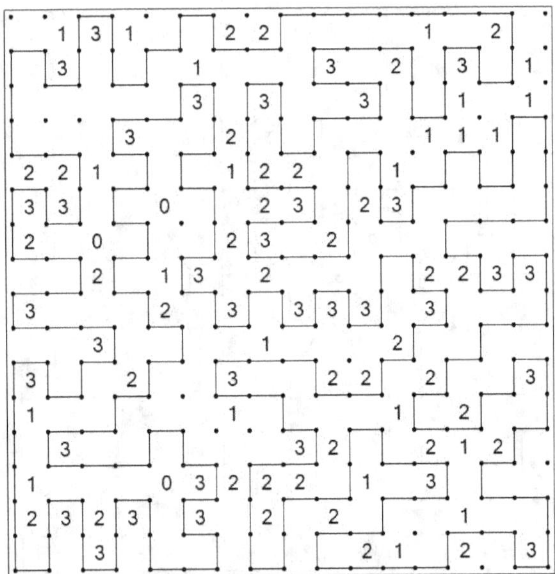

Slitherlink 151 solution

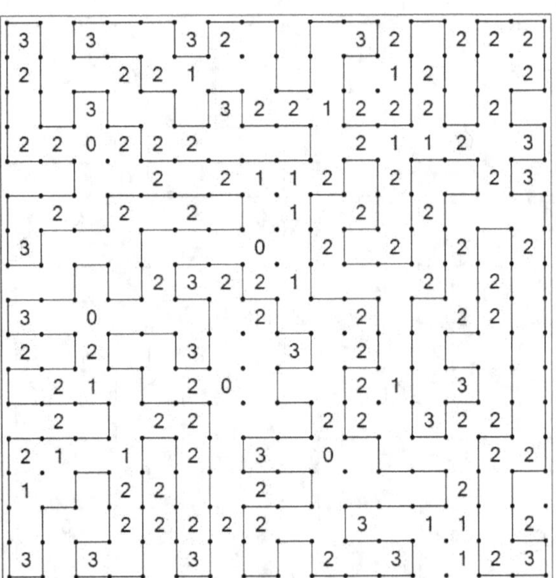

Slitherlink 152 solution

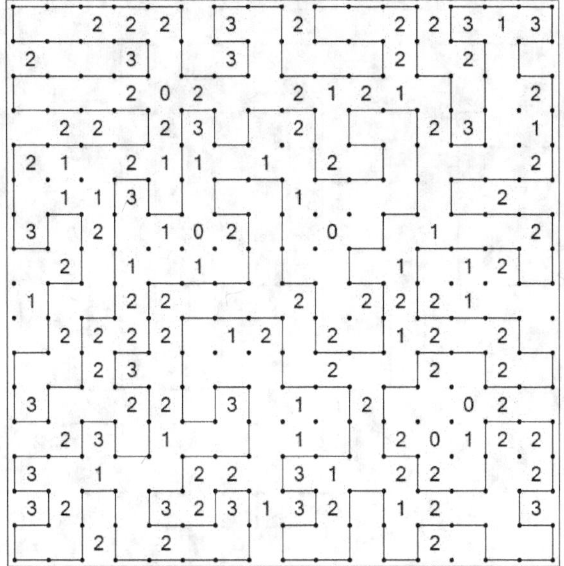

Slitherlink 153 solution

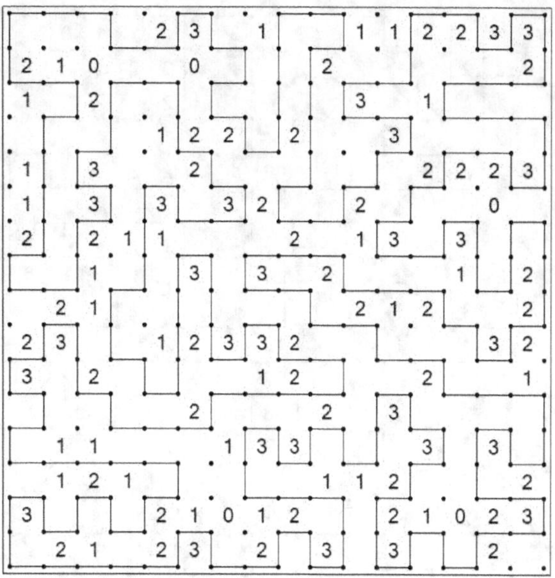

Slitherlink 154 solution

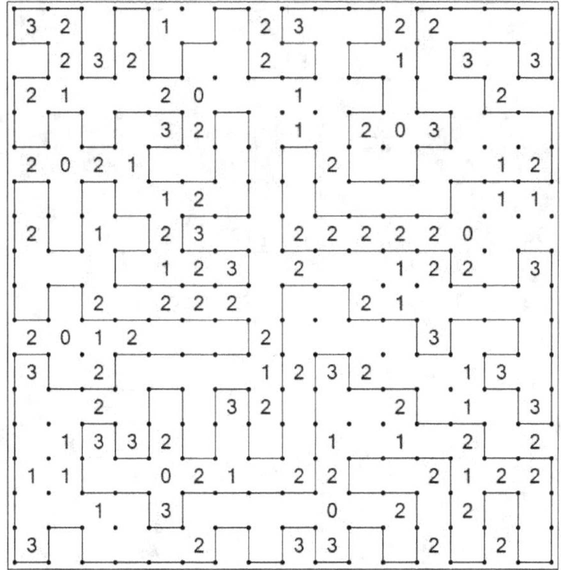

Slitherlink 155 solution

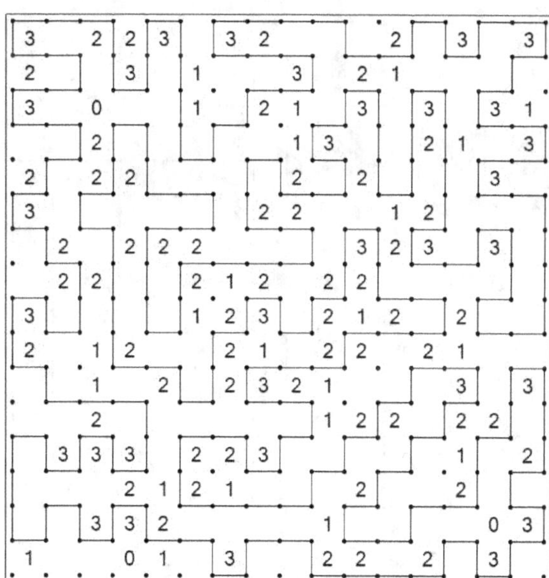

Slitherlink 156 solution

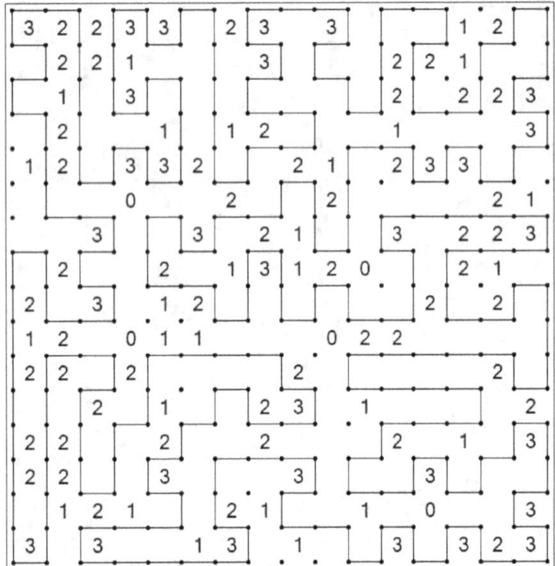

Slitherlink 157 solution

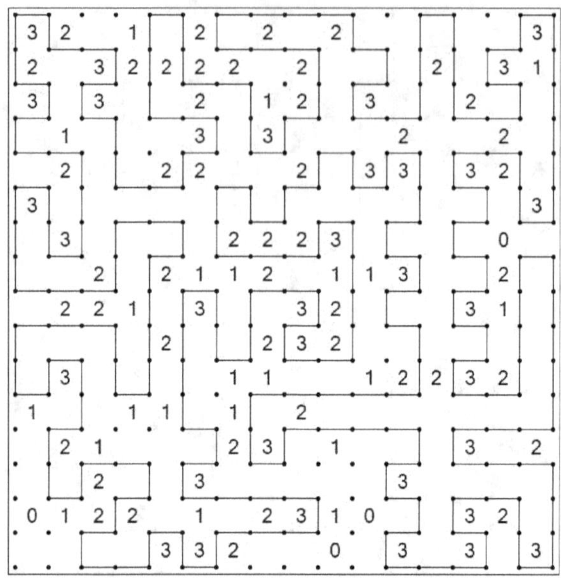

Slitherlink 158 solution

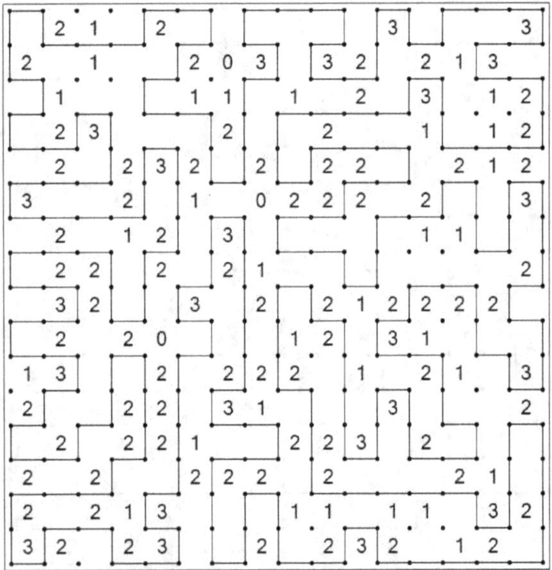

Slitherlink 159 solution

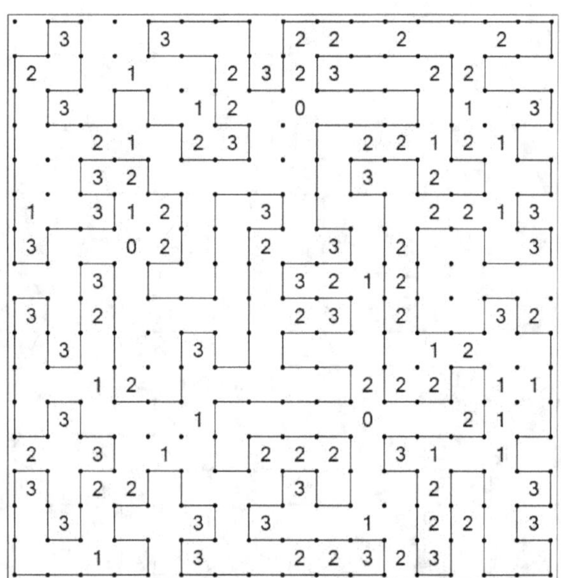

Slitherlink 160 solution

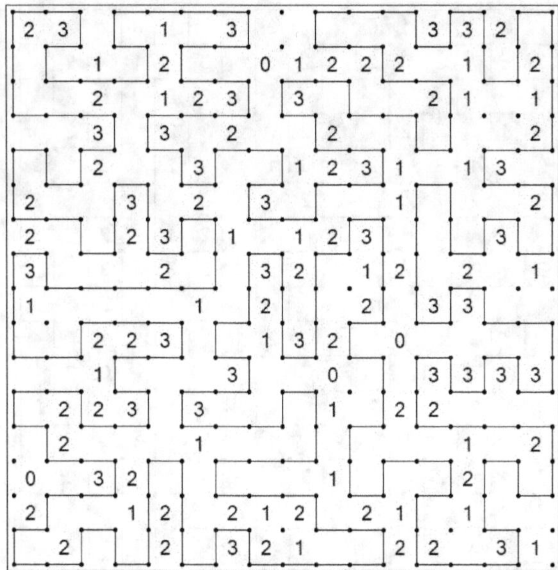

Slitherlink 161 solution

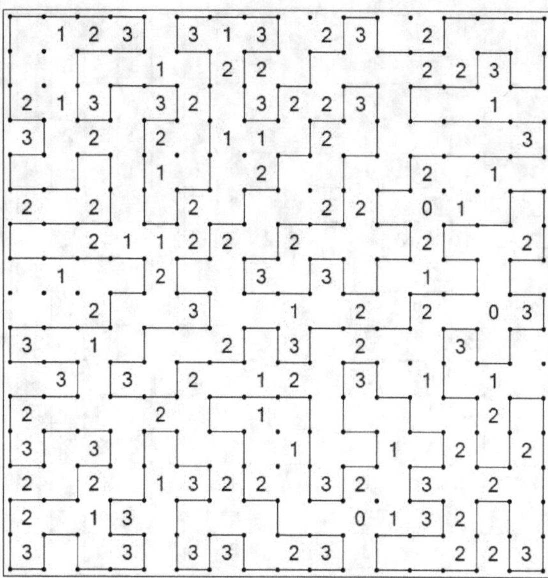

Slitherlink 162 solution

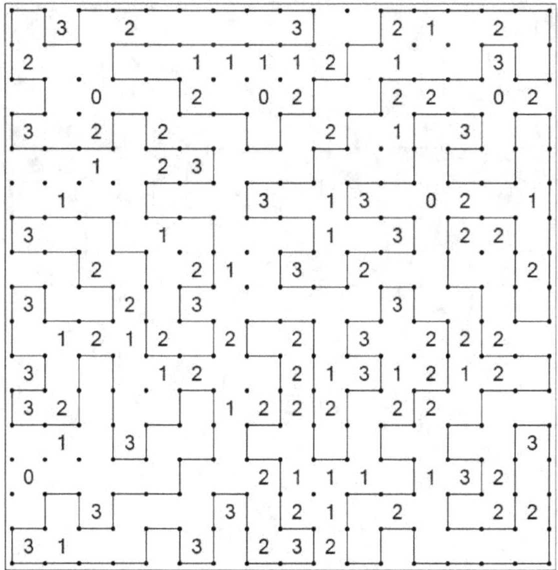

Slitherlink 163 solution

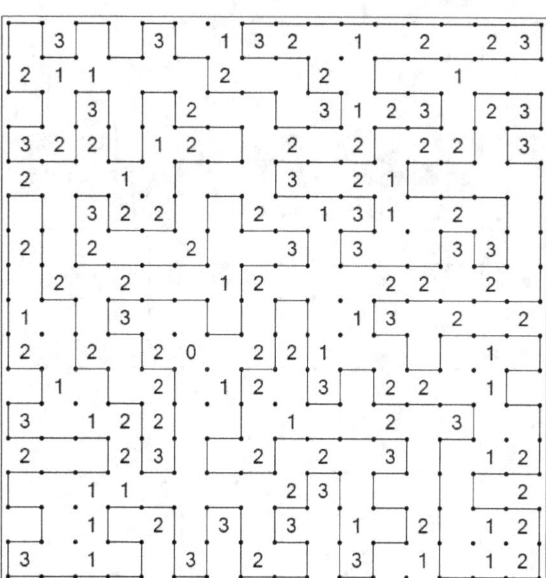

Slitherlink 164 solution

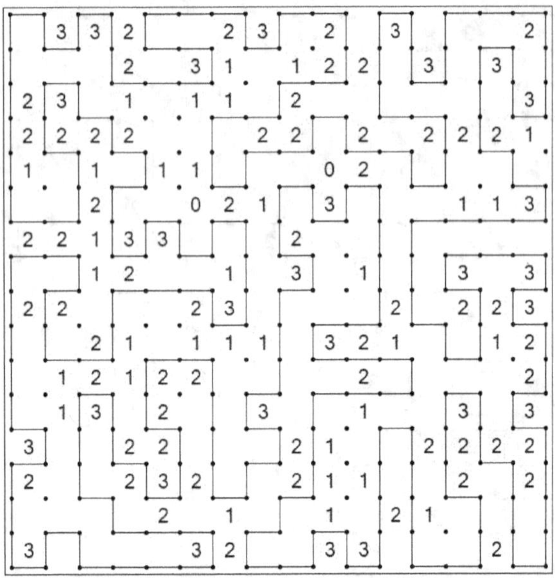

Slitherlink 165 solution

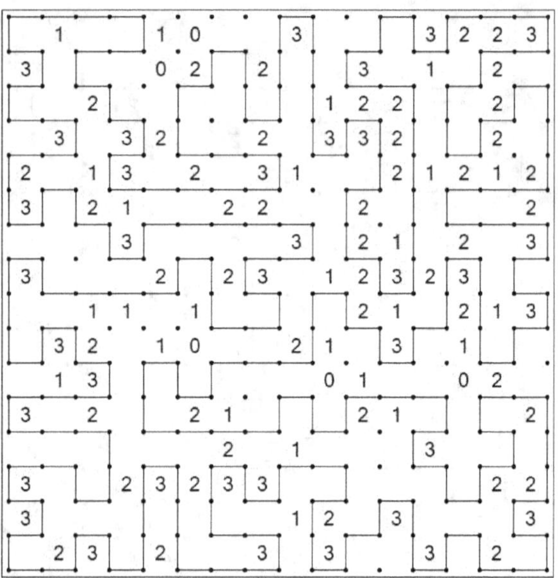

Slitherlink 166 solution

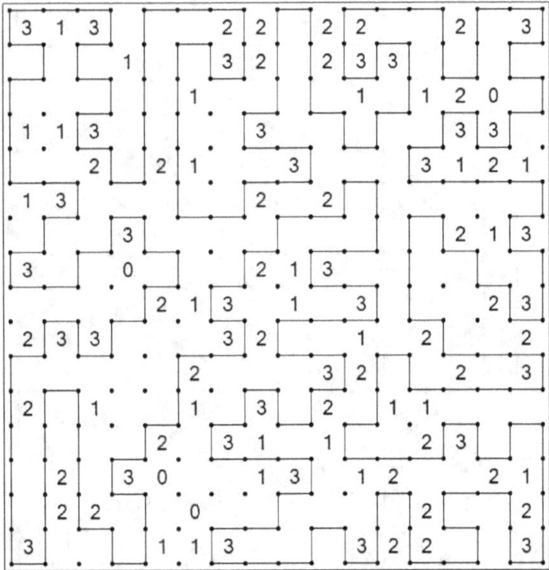

Slitherlink 167 solution

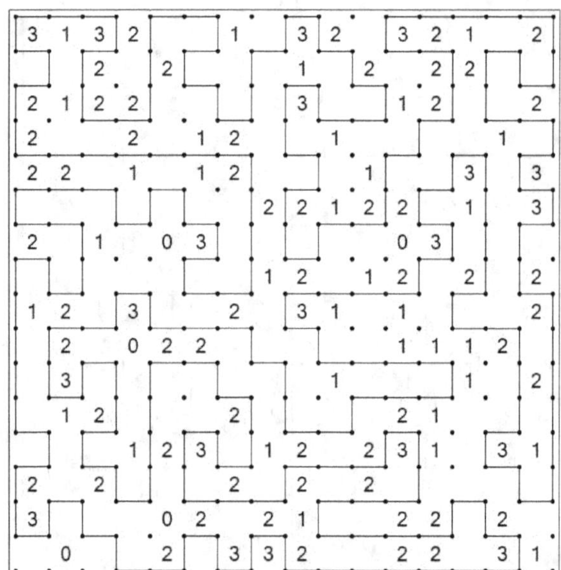

Slitherlink 168 solution

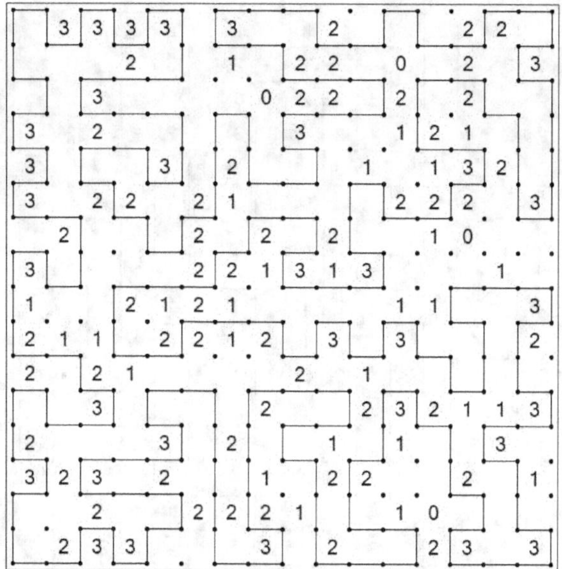

Slitherlink 169 solution

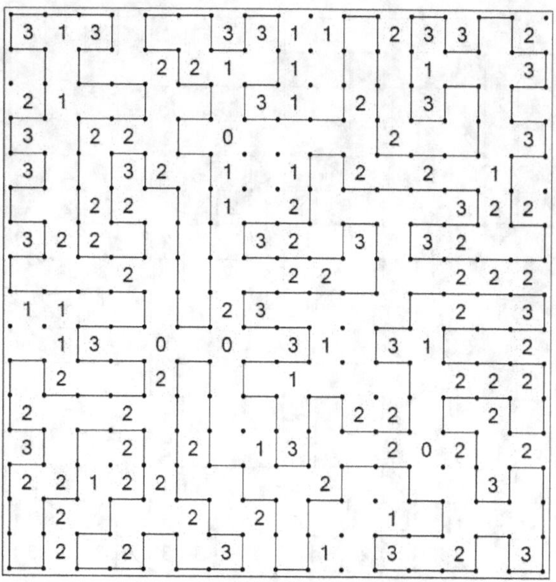

Slitherlink 170 solution

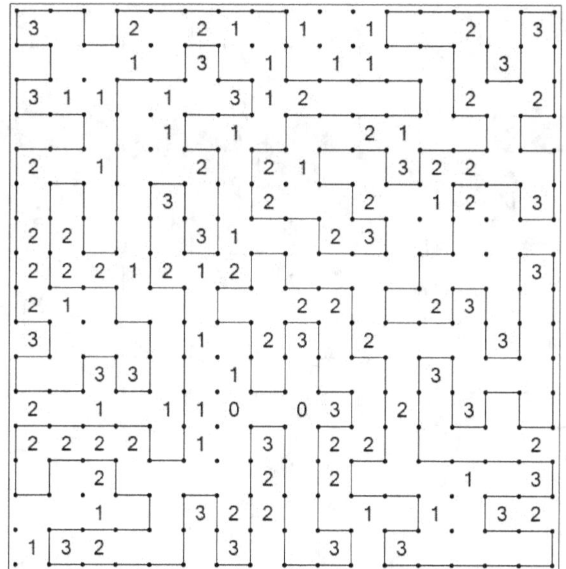

Slitherlink 171 solution

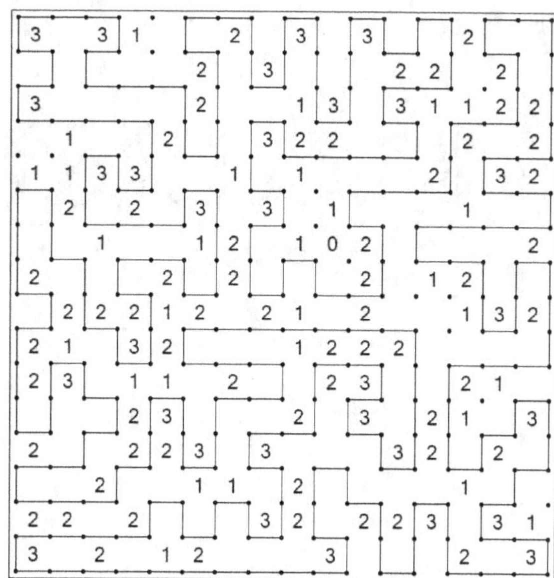

Slitherlink 172 solution

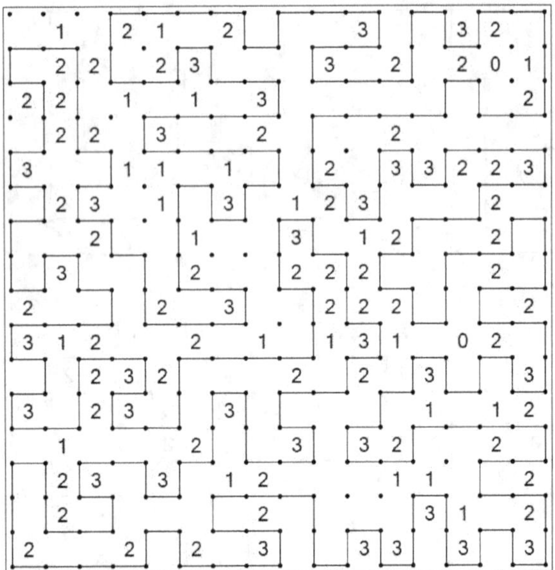

Slitherlink 173 solution

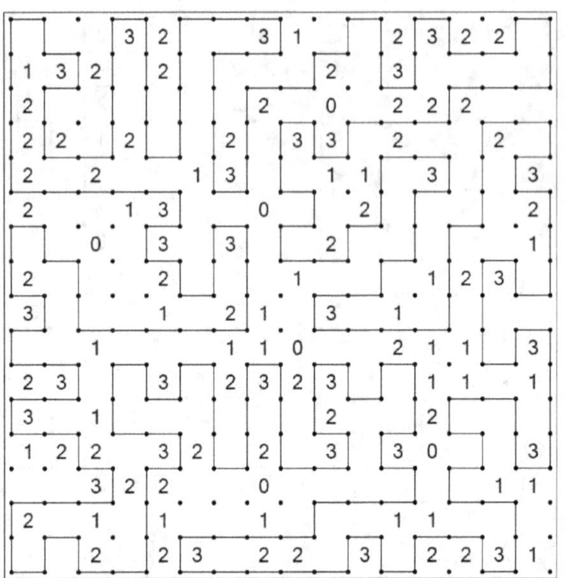

Slitherlink 174 solution

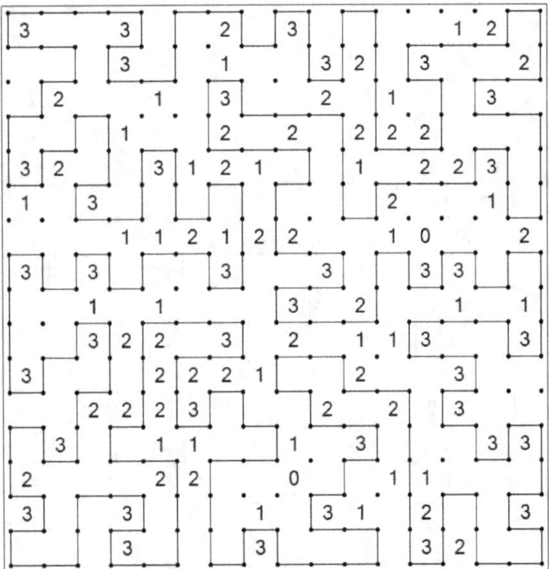

Slitherlink 175 solution

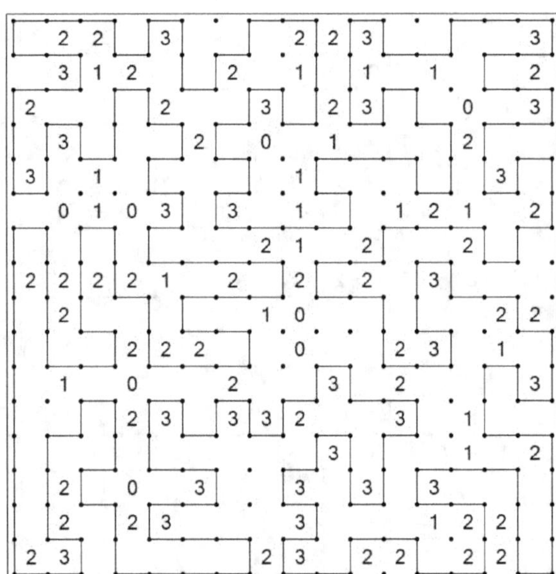

Slitherlink 176 solution

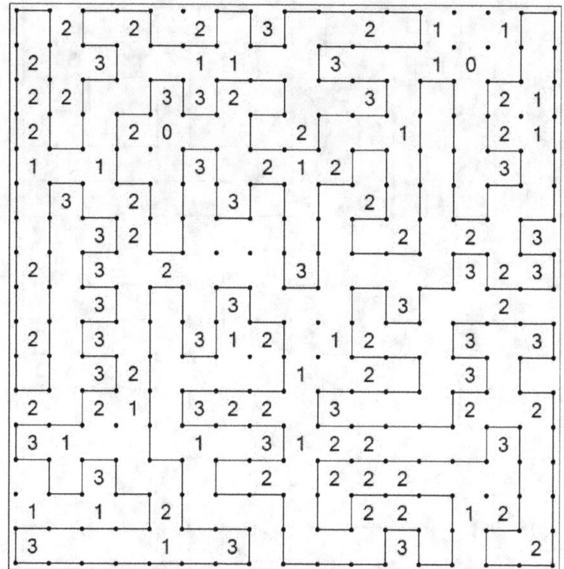

Slitherlink 177 solution

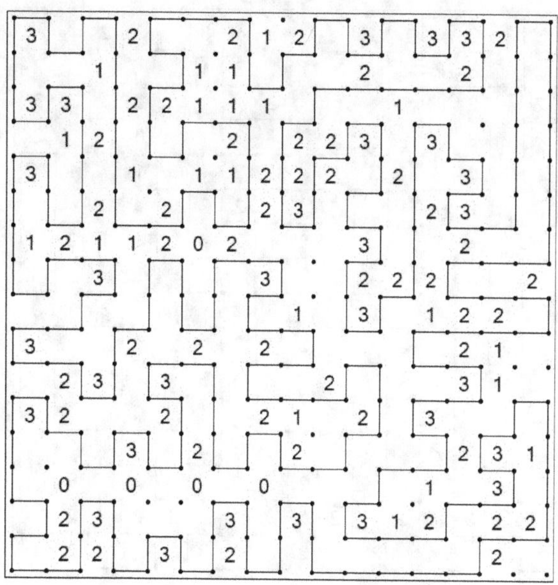

Slitherlink 178 solution

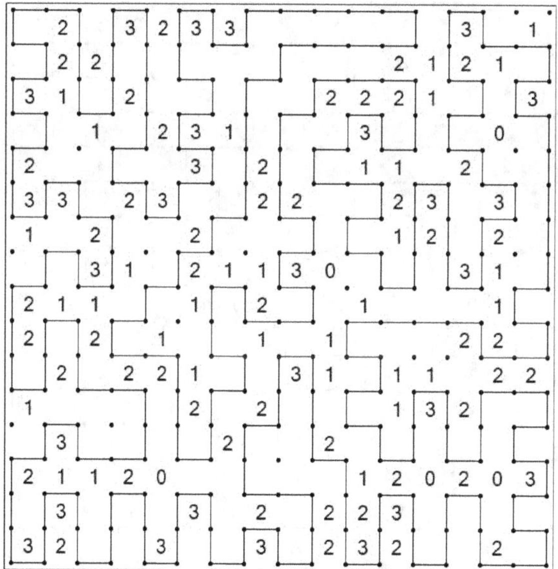

Slitherlink 179 solution

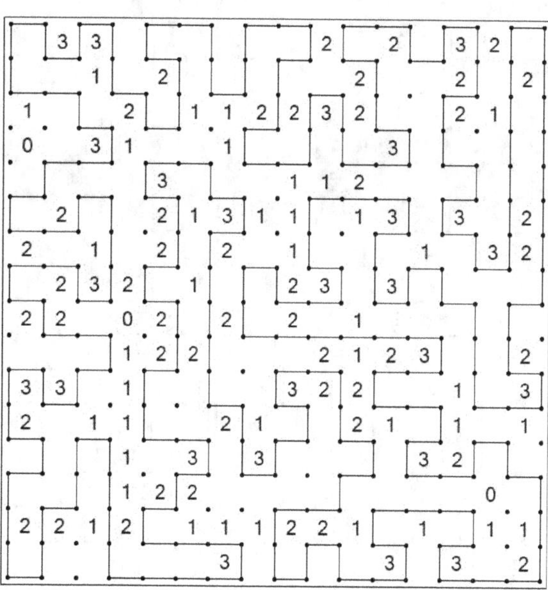

Slitherlink 180 solution

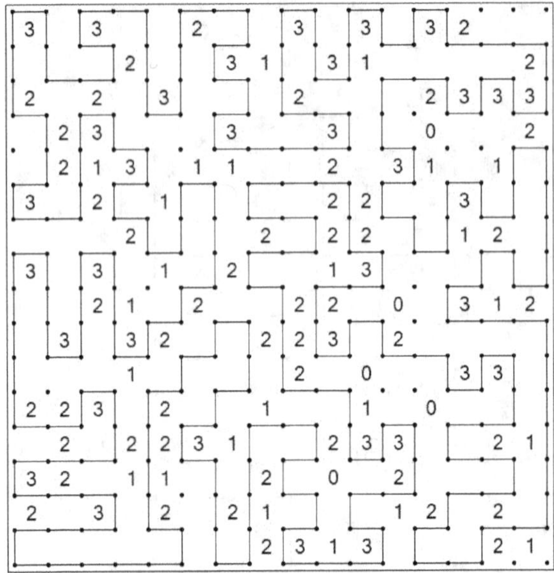

Slitherlink 181 solution

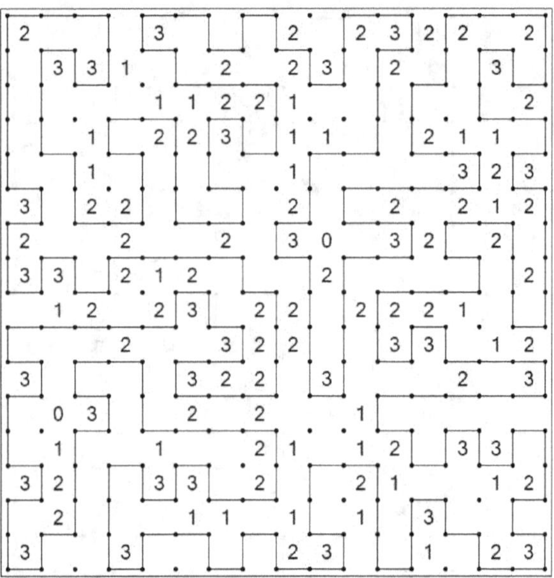

Slitherlink 182 solution

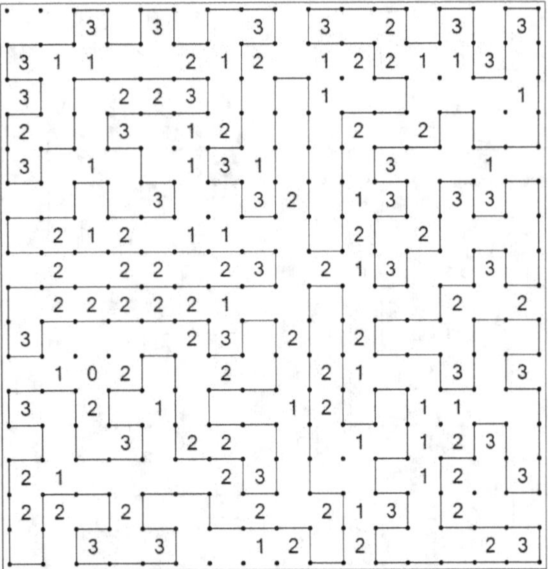

Slitherlink 183 solution

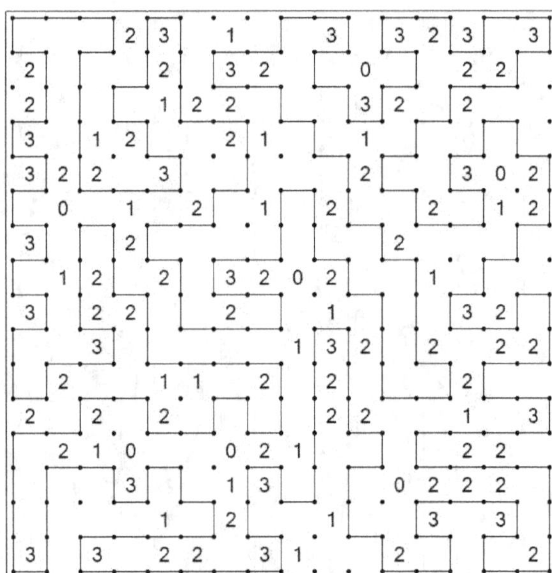

Slitherlink 184 solution

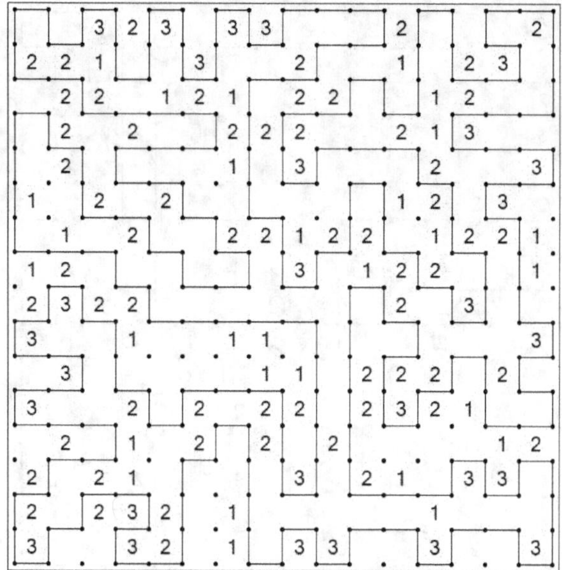

Slitherlink 185 solution

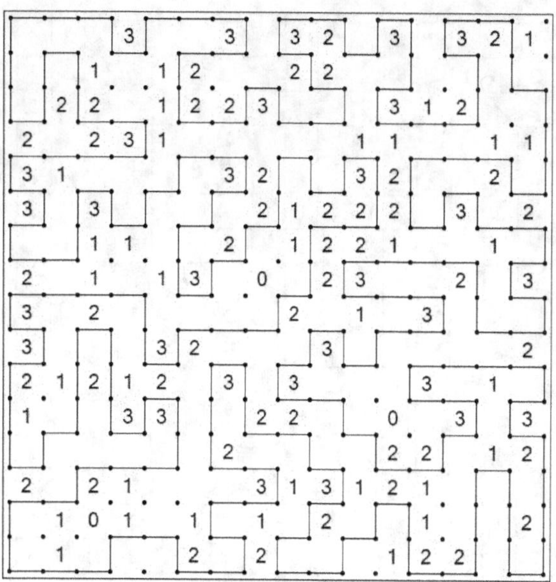

Slitherlink 186 solution

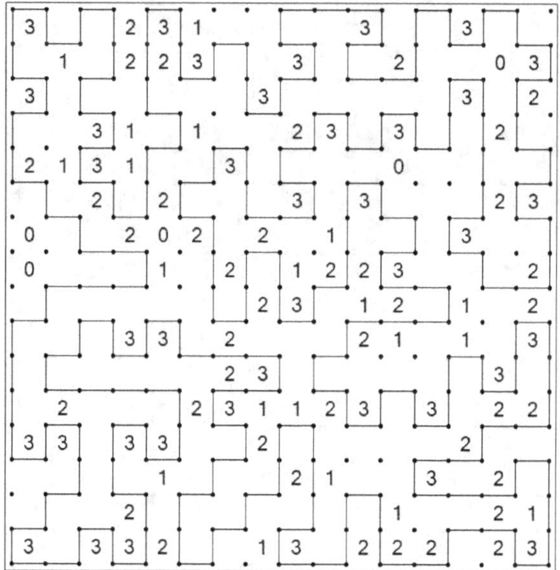

Slitherlink 187 solution

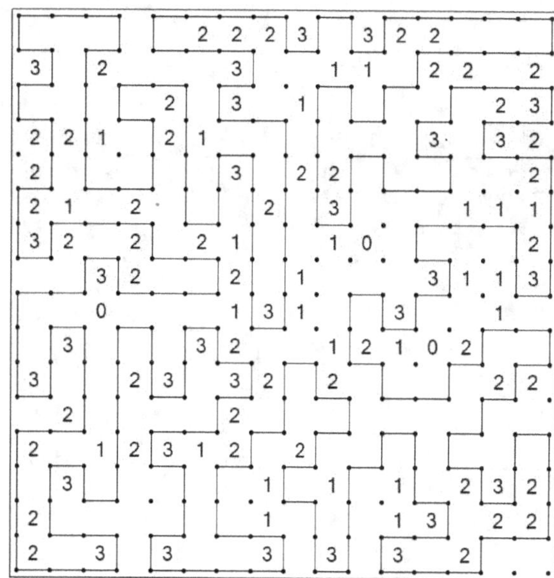

Slitherlink 188 solution

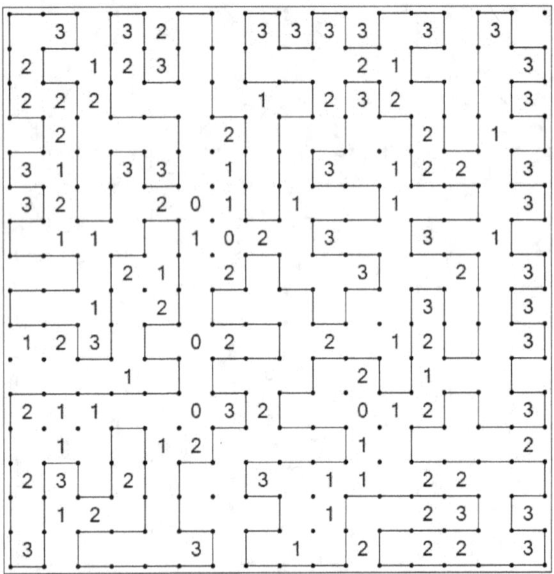

Slitherlink 189 solution

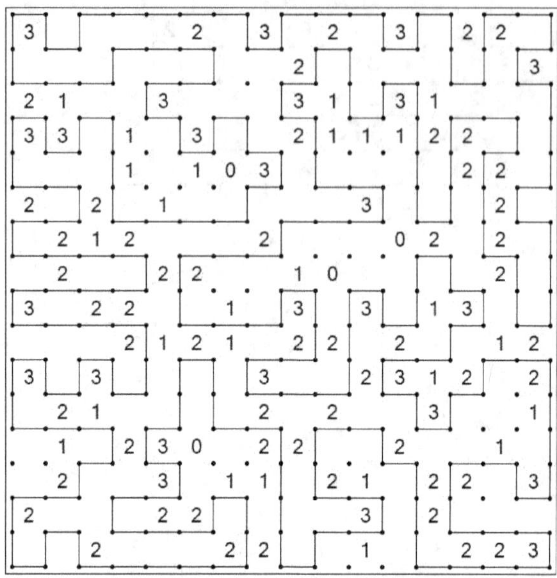

Slitherlink 190 solution

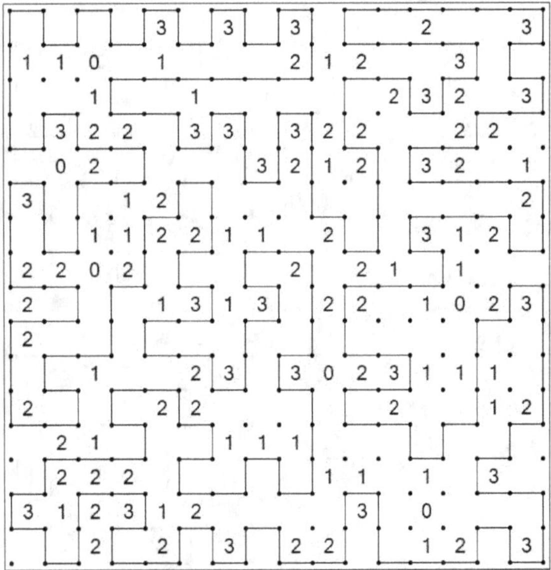

Slitherlink 191 solution

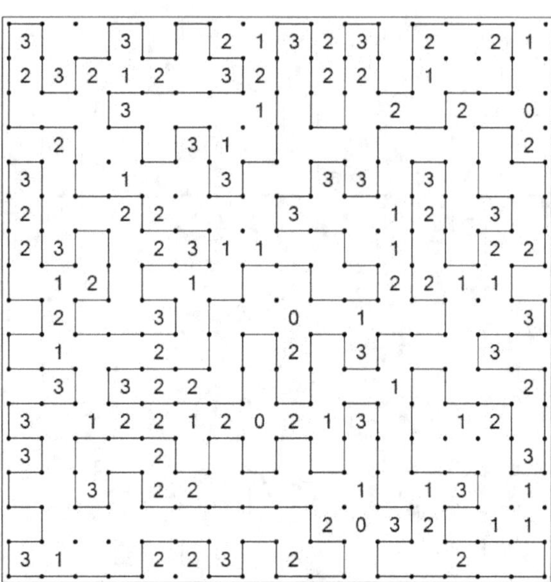

Slitherlink 192 solution

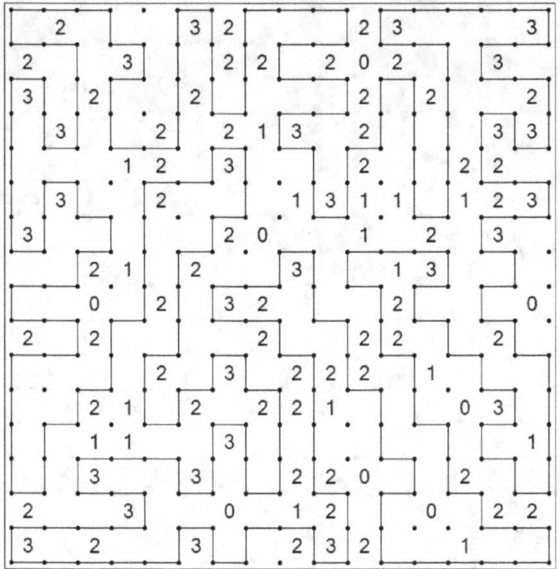

Slitherlink 193 solution

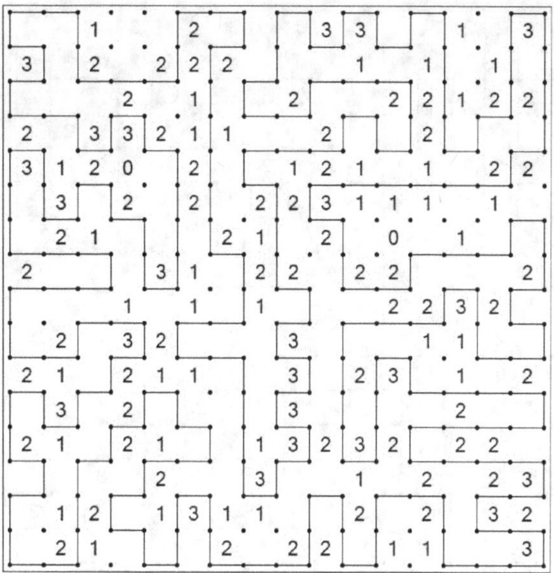

Slitherlink 194 solution

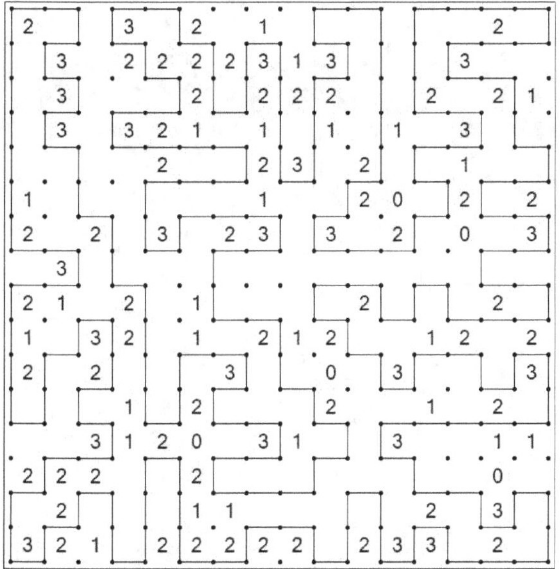

Slitherlink 195 solution

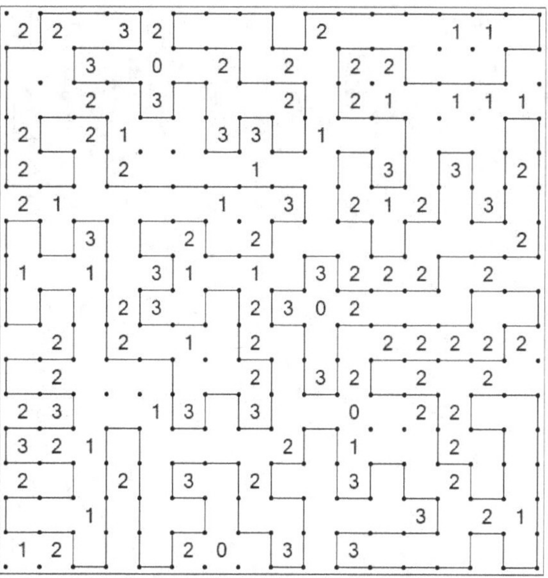

Slitherlink 196 solution

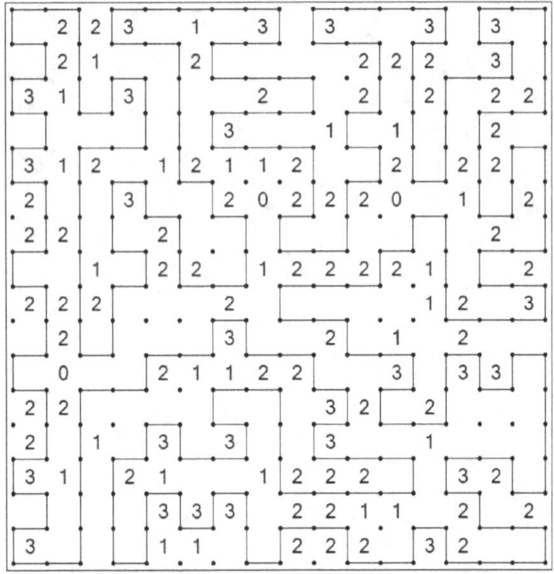

Slitherlink 197 solution

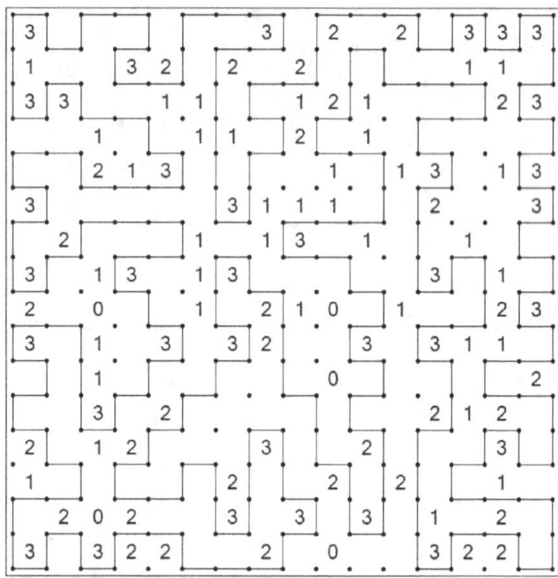

Slitherlink 198 solution

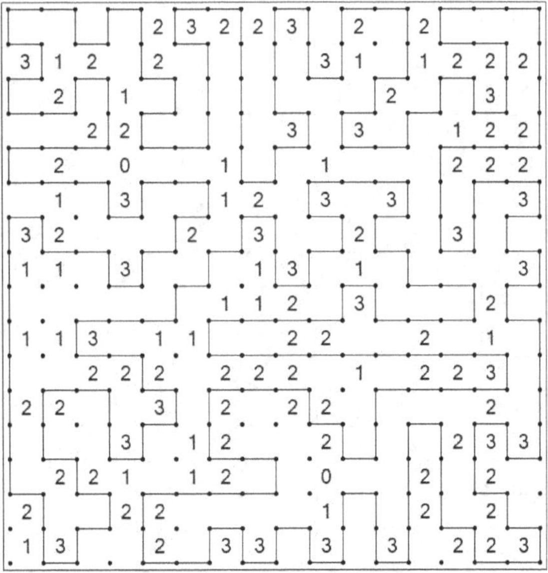

Slitherlink 199 solution

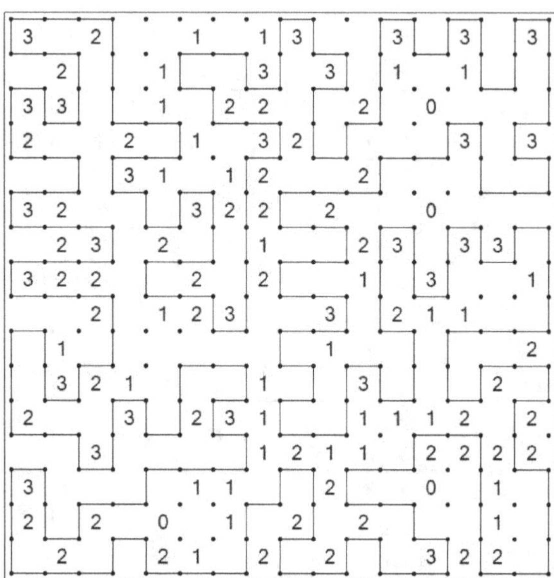

Slitherlink 200 solution